小学生优秀课外读物

如何塑造出完美的自己

做优秀的自己

自信

姜忠喆　竭宝峰◎主编

辽海出版社

责编:刘波

图书在版编目(CIP)数据

做优秀的自己/姜忠喆,竭宝峰编. — —沈阳:辽海出版社,
2015.11

ISBN 978 – 7 – 5451 – 3586 – 2

Ⅰ.①做… Ⅱ.①姜… ②竭… Ⅲ.①成功心理 – 青
少年读物 Ⅳ.①B848.4 – 49

中国版本图书馆 CIP 数据核字(2015)第 282438 号

做 优 秀 的 自 己

姜忠喆,竭宝峰/主编

出版:辽海出版社	地址:沈阳市和平区十一纬路 25 号
印刷:北京华创印务有限公司	字数:480 千字
开本:880mm×1230mm 1/32	印张:40
版次:2016 年 4 月第 1 版	印次:2016 年 4 月第 1 次印刷
书号:ISBN 978 – 7 – 5451 – 3586 – 2	定价:168.00 元(全 8 册)

如发现印装质量问题,影响阅读,请与印刷厂联系调换。

前　言

　　浓缩传统智慧精华的成长故事,可以使我们获得来自心灵的启示,让我们拥有人生的大智慧,甚至可能改变一个人的命运。一则好的故事可以教育我们知晓生存的意义;一则好的故事可以让我们以新的方式去体会大千世界、芸芸众生;一则好的故事可以改善与他人的关系,怡人性情。在面临挑战、遭受挫折时,读读这些故事,相信你能从中汲取力量;在烦恼、痛苦和失落时,读读这些故事,相信你能从中获取慰藉;读读这些故事,相信你能鼓起梦想的风帆。

　　为此,我们辑录成书——《做优秀的自己》,全书共八册,多以古代传统故事组合形式各自独立成篇,选取最有代表性的加以编排整理,在每一则故事的后面,我们都配有简短的点评,希望能给本书的读者一点点帮助。但我们深深知道,故事所包含的智慧远远不止这一点点,不同的人可能有不同的见解,仁者见仁,智者见智。我们只希望小小的点评可以起到抛砖引玉的作用,通过读者自己的思考融会贯通,以求得对自己全面的、系统的了解。切忌断章取义,只抓住一句话就作判断、下结论。我们相信读者能从故事中感知到更多的人生成长启示。

关于本书的辑录

1 感恩——我怀感恩的心

人,要常怀有一颗感恩的心,去看待我们正在经历的生命,悉心呵护。我们应该感恩出现在生命中的人、事、物,是他们让生命更有意义,显示出生命别样精彩。

2 宽仁——我学宽厚仁爱

人,活在世上就要学会宽仁,学会原谅别人,这是一种文明、一种胸怀,对人宽仁心胸宽广,帮助别人快乐自己。别人若是不小心犯了错误,而不是明知故犯,就要原谅;对朋友要热情,遇到需要帮助的人一定给予帮助,凡事往好的方面设想,多看到别人的优点,不贬低别人。

3 正直——我要正直诚信

正直是我们的一种优秀品德。正,就是说话做事正确,坚持正义去主持公道。这样的人就会得到别人的爱戴,这样的人就有了一身正气、一身正能量。

4 责任——我来管好自己

责任就是能担当,就是接受并负起职责。对于我们就是首先要管好自己、对自己负责,这样才能走向成功,相反的就会误人又害自己。这就需要我们有十足的信心和勇气好好用知识来提高自身的素质。

5 尊重——我会尊重别人

尊重是人与人之间和美相处的前提，尊重别人才能赢得别人对自己的尊重，尊重别人就是尊重自己。你对别人的尊重会在那个人心中留下美好的印像；那么，别人也会好好对待你。

6 勤奋——我也可以最棒

生命中能有所成就，靠的就是勤奋。一分耕耘一分收获，只有辛勤的付出才有喜悦的收获，不要以为自己比别人聪明就不需要勤奋学习，那样做只会使自己退步。只有坚持不懈的努力学习，我们才能成功。

7 自信——我能面对艰难

自信就是一种思想、一种感觉，就是对自己的肯定。拥有了自信就拥有了力量，我们可以时时暗示自己：我能行；我是最棒的；我不退缩不恐惧就一定能成功；我会更加优秀的。学会欣赏自己、表扬自己，找到自己的优点、长处来激励自己。

8 乐观——我想快乐无忧

人，在任何情况下都应该保持乐观的心态。乐观对待事物，我们的生活才可以无忧无虑，才能轻松愉悦。面对生活中的种种难处都要乐观面对，以平淡和乐的想法去处理，这样你的一切就会充满阳光。

目录

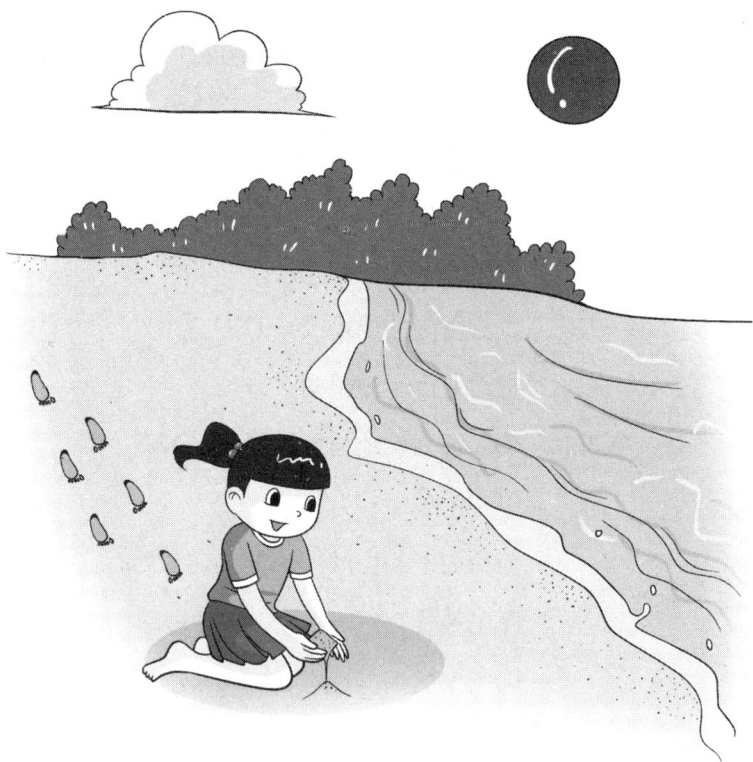

第一章
人格的核心是自信

生活中，人们大都喜欢自信的人。因为绝大多数人都了解自己有这样那样的弱点，有或重或轻的自卑心理。在面临困难和险境时，自信的人常常是值得信赖并能给人以希望的。即使他们不能帮助自己解决问题，至少也总是带给你信心和希望。与自信的人在一起，困难只是生活中一次不同的体验。

所谓人格，指的是人的稳定心理特征的总和。听起来有点高深，实际上，稳定性的含义是，人们在不同的情况下所表现的同样的、常规的状态。比如，有人不管在顺境和逆境，都能保有坚定信念，充满信心，而有人即便一帆风顺，也总是自怨自艾。

有种错误的认识，以为那些具有健康人格的人是没有弱点的人。其实，他们也同你我一样，有很多不如人的方面，只是他们了解自己的局限并能坦然接受它。自信的人，认识自己的局限，并接受自己的局限；了解自己的所长，并发挥自己的所长。不去做力所不及的事，但要把力所能及的事做好，这才是充满自信魅力的人。

　　自信的人,并不是处处比别人强的人,而是对事情有把握,知道自己的存在有价值,知道自己对环境有影响力。他具有较强的自我管理能力,懂得如何安排自己的优势与弱势,而且在自信的心态下,他的优势更容易激发出来。这样的人自我认识接近客观,又怀有积极情绪,人的整体状态会得到最佳组合。

　　而自卑的人处处要和别人比较,但总觉得比不上别人。自信的人,把眼光放在已有的进步上。而自卑的人,时时把焦点聚在自己的缺陷上。自信的人总是对做什么充满期待和希望,不自信的人总认为做什么都没有用。

　　自信的人是在成长过程中,受到了不断鼓励,并学会自我接纳。不自信的人是在每天的生活中,得到了太多的否定和责备。生活中,给自卑的人以成功的机会,给自卑的人每个微小的进步以鼓励和真诚的祝福。告诉自己,也告诉别人:只要做些什么,就会有所不同。

　　所谓失败是成功之母,那是对具有成功素质的人而言,对于不具备成功素质的人来说,坚持不懈的努力,不过是失败过程的无限循环。

　　失败并不可怕。因为我们还站在山脚,真正可怕的是成功,因为我们已站在山巅。

——读书札记

鲁仲连义不帝秦

战国时,赵国大将赵奢的儿子赵括,因为轻敌中计,四十多万大兵,被秦将白起、王龁坑杀,赵括也当场阵亡。这是历史上有名的长平战役。秦军取得上党郡整个土地,攻入赵国太原郡,都城邯郸震动。紧接着郑安平替代了白起,指挥大军包围了邯郸。赵国不得不向魏、楚两国求救。

魏安釐王派了将军晋鄙救赵,但又鉴于秦昭王的警告"谁敢发兵救赵,我在灭赵之后,接着就粉碎这救赵的国家",所以传令晋鄙屯兵汤阴不进。并派将军新垣衍通过平原君见赵王,劝赵王尊奉秦王为帝,秦兵必定自动解围,赵国就可以保全了。

但平原君对于尊秦王为帝的建议,觉得不大对头,所以犹豫不决,没有及时引领垣衍去见赵王。

那时齐国有一高士,名叫鲁仲连,到赵国游历,也被困在城中。他听到魏王派了说客,劝赵王尊秦为帝,这位见义勇为、具有威武不屈精神的鲁仲连,就求见平原君,问国家大事如何?平原君说:"赵国数十万大军在战场全都被敌人消灭,现在敌军已长驱直入,围困京城,魏王派将军新垣衍劝我赵王尊秦为帝,我现在一点主意也没有了。"

鲁仲连要求与这位新垣衍将军见见面,当下由平原君引见。鲁仲连引今论古,沉痛陈述尊奉秦王为帝之害。接着又把齐泯王称帝不成,逃亡出国的事,具体地对新垣衍说:"齐泯王到鲁国,鲁国官员愿以肥牛十头供奉齐王,但齐王的侍从大声喝骂:这十头肥牛算得了什么供品? 我大王是天子,按天子出巡的礼节,所到诸侯国不得住在自己的宫室里,并需将国库所有钥匙,都呈交上来,任天子予取。诸侯要卷起袍服,捧着几案,伺候天子用膳。而你国竟用十头肥牛,就算供品,简直是大胆、混帐!鲁国官员听了,赶快关上城门,拒绝齐泯王入城。齐王无奈,又转往邹国。这时邹君已死,齐王去吊丧,侍从通知邹国嗣君:"天子下吊,主人要背向灵柩,灵位方向要移为北向,俾使天子南面而吊。"邹国臣子说:"如要我们这样做,我们宁愿仗剑自杀,也不受辱。"拒绝了齐王吊丧,不许入城。你想邹、鲁两个小国都如此,而魏是大国,魏王竟欲尊秦为帝,岂非连邹、鲁的奴仆婢妾都不如吗? 新垣衍羞惭而退。

鲁仲连又对平原君说:"秦国是不讲信义、崇尚武力的国家,用欺骗手段差遣士卒,像待俘虏一样地奴役人民,如果秦王称帝,统治天下,执掌生杀予夺大权,那我宁愿跳到东海自杀,也不做秦国顺民。"平原君大悟。凑巧这时,信陵君夺得晋鄙兵权,大败秦军,赵国解困,秦军退走。平原君论功行赏,要封鲁仲连官职,但鲁仲连坚持不受,飘然而去。

人生箴言

穷且益坚,不坠青云之志。
——王勃《滕王阁序》

4

🕊 **成长启示**

越贫穷应该越坚定,不丧失自己的志气。

贫穷低贱可以成就人

北宋时,有一位哲学家名叫张载,字子厚,凤翔郿县(今陕西眉县)横渠镇人,世称横渠先生。他青年时学过兵法,曾想组织些人马收复被西夏夺去的洮西失地。后来,在范仲淹的悉心引导下,张载专心研究学问,并逐渐形成了自己独特的哲学思想。张载曾当过崇文院校书,后讲学关中。宋神宗熙宁二年(1069),张载回到横渠镇,并在这里专心读书治学。

横渠镇地处穷乡僻壤,自然条件极为艰苦。张载家中收入不多,生活清苦。但是,张载面对清苦的生活却怡然自得。他认为,只有艰苦的环境,才能磨炼人们的意志,帮助人们取得成功。正是在这种思想的指导下,张载刻苦自励,成了一位颇有成就的学者。他的哲学思想及其著作《正蒙》、《经学理窟》、《易说》等,都对后世产生了深远影响。

据记载,张载在家乡治学期间,曾把《正蒙·乾称篇》的一部分写于书房的门上,左书《砭愚》、右书《订顽》。后来理学家程颐将《砭愚》改称《东铭》;将《订顽》改称《西铭》。在《西铭》中,有一句话"贫贱忧戚,庸玉女于成也。"意思是说,贫穷低贱和令人痛苦的客观条件,其实可以磨炼人的意志,用来帮助人获得成功。这是张载一生治学的宝贵经验,同时也是一句警世之言。

人生箴言

大鹏一日同风起,扶摇直上九万里。

——李白《上李邕》

成长启示

大鹏鸟每天和风一起起飞,直冲九霄,其声势可震动四面八方。

三户可以亡秦

战国末年,秦国先后灭掉韩、赵、魏、楚、燕、齐六国,建立了秦帝国。但是好景不长,秦王朝施行暴政,激起社会各阶层人士的强烈不满。秦朝末年,终于爆发了陈胜、吴广领导的农民起义,六国贵族也乘机起事,在这股讨秦浪潮中,楚贵族后裔项梁和他的侄子项羽也兴兵伐秦。

项梁的祖辈,世世代代都是楚将。项梁的父亲项燕,在一次战争中被秦军将领王翦杀死。项梁和项羽见天下形势有变,就趁机杀死会稽郡守,领兵起事。这时候,陈胜领导的起义军战斗连连失利,而项梁和项羽却开始打胜仗,引起了人们的注意。

居鄛的人范增,年届七十,平素深居简出,颇有计谋。他找到项梁,对他说:"陈胜遭到失败,是理所当然的。当初秦朝灭掉六国,楚国最冤枉。自从楚怀王访问秦国被扣身亡,楚国人至今都还在思念他。以前在楚国南方有一个学识渊博的老人说:'楚虽三户,亡秦必楚。'如今陈胜虽举义旗,但他不拥立楚王的后代,却自立为王,所以他的事业不能长久。你在江东举起义旗,楚国人蜂拥而来,就是因为你们项氏世世代代是楚国的将领,能够再立楚王的后代为王。"项梁听从了范增的计策,在民间找到楚怀王的孙子,名叫心,当时,他正在为人放羊,并立他为楚王,仍号楚怀王,以满足老百姓的愿望。

人生箴言

生当作人杰,死亦为鬼雄,至今思项羽,不肯过江东。

——李清照《乌江》

成长启示

活着要做人中之杰,死了要做鬼中的雄才,至今还想念项羽的雄伟志向,失败了不肯回去见江东父老。

刘邦自立自强

秦朝时候,沛县县令叫泗水亭长刘邦押送一批老百姓到骊山做苦工。不料走到半路上,接二连三地逃跑了很多人。刘邦想:这样下去,不等到骊山,就一定会逃光,自己免不了要被治罪,他想来想去,索性把没有逃跑的都释放了,自己和一些不想走的人躲在芒、阳二县交界的山泽中。

秦二世元年,陈涉在大泽乡起兵反秦,自称楚王。沛县令想归附,部属萧何和曹参建议说:"你是秦朝县令,现在背叛秦朝,恐有些人不服,最好把刘邦召回来,挟制那些不服的人,事情就好办了。"沛县令立即叫樊哙去请刘邦。可是当刘邦回来时,沛县令见他领有近百人,怕他不服从自己的指挥,又懊悔起来。于是下令紧关城门,不让刘邦进城。刘邦在城外写了一封信,绑在箭上射给城里的父老,叫沛县父老们齐心杀了县令,共同抗秦,以保全身家。父老们果真杀掉县令,打开城门,迎接刘邦进沛县,并请他做县令。刘邦谦虚地说:"天下形势很紧张,倘若县令的人选安排不当,就会一败涂地。请你们另外选择别人吧!"最后,刘邦还是当了县令,称做沛公。

人生箴言

> 壮心未与年俱老,死去犹能作鬼雄。
>
> ——陆游《感愤》

成长启示

> 壮烈的雄心不会因年老而失去,即使死了,还能做鬼中的雄才。

勇敢机智的王僧虔

南北朝南齐人王僧虔,因为写得一手好隶书,出了名。随着,他对待工作和对待别人的态度,也出了名。他的友人替他概括出八个字:"戒益守满,屈己自容"。拿现在的话来解释,便是:"工作不能做得太巴结,让人家先走一步吧!人家好坏,只要对自己没有影响,何必坚持自己意见。凡事得过且过,别要求高。有时,为了少找'麻烦',委屈一点也不碍事。"如果再说得通俗些,王僧虔便是一个"刀切豆腐两面光"的人物。正巧,当朝的皇帝齐太祖也是非常爱好书法的。一天,他高兴起来,要在书法上和王僧虔比试比试。这位进退都为自己留一步的人,这次可不肯示弱了。他一笔一捺,特别用劲,写好以后,自己也很满意。但是,当齐太祖要他作个评论,说说谁的字够得上第一的时候,王僧虔愣住了。他顾前顾后,心想,把自己的评做第一吧!不行,当面怎能说皇上差呢?惹恼了齐太祖,这不是玩的。故意推说皇上的字得第一吧?不行,如果以后被他发现了是欺骗他的,这也不是玩的。思索了好半天,王僧虔才想出妥当的办法,他左躲右闪圆滑地说:"我看,我写的字可以得第一;但是,我看,皇上写的也同样得第一。"齐太祖听了禁不住噗嗤一声。他说:"王僧虔,你真不愧是一个'精明能干',专替自个儿盘算的人。"

人生箴言

不深思则不能造其学。
——杨时《河南程氏粹言·论学篇》

成长启示

不潜心思考问题就不能完成自己的学业。

傍人门户不可取

我国古代的习俗,每年元旦,家家户户都用桃木板写上"神荼"、"郁垒"二神名字,悬挂在门的两边,以此驱邪避鬼,人们把它称作"桃符"。另外,我国又有每年五月初五,用艾草扎成人形悬挂在门上方的风俗。

有一天,已在门边悬挂了数月的桃符偶然发现有个艾人在头上,紧紧地压住自己,觉得受了窝囊气,就骂骂咧咧道:"看您那样子,须须叉叉的,全是些不值钱的烂草,为什么竟然居我之上,又压着我呢?"艾草人刚从地上搬迁而来,年轻气盛,血气方刚,本不愿迁居门上,想不到还有人瞧不起它,心里气愤无比,破口大骂道:"你神气个啥,瞧你那两条腿,早已伸到地下去了! 一块悬挂多时的朽木头,还要和我争高下? 呸!"桃符见说到自己痛处,不禁火冒三丈,报复说:"草包一团,虚有人形! 愿太阳出来晒干你,愿下大雨淋垮你!"艾草冷笑道:"我不想长寿,每年挂一次就行了,可那些一心想寿比南山的人,到明年还不就是'新桃换旧符'了吗?"

双方你一句我一句地争吵不停。门神实在看不下去,叹息一声,无可奈何地说:"我们都是无能之辈,都傍人门户,替人家看守大门,有什么争头呢?"

桃符、艾人听了,低下了头,感到无比的尴尬。

人生箴言

为山者,基于一篑之土,以成千丈之峭;凿井者,起于三寸之坎,以就万仞之深。

——刘昼《刘子·崇学》

成长启示

堆山,始于一筐之土,而最终形成数千丈的高山;挖井,起于三寸深的小坑,而最终有万仞之深。

一身是胆的赵云

赵云是刘备手下的一员大将,他足智多谋,骁勇善战,屡建奇功,为蜀国争得三分天下,立下汗马功劳。

刘备占据益州以后,想把成都的房舍和城外的园地、桑田分配给有功的将领们。刘备与将军们商讨这件事情,有人同意,有人反对,意见不能统一。赵云说:"我听说汉朝的大将霍去病说过:'匈奴未死,无可家为',现在天下混战,国贼作乱,我们不能贪图安逸呀!等待将来天下安定,我们都回家经营土地,享受天伦之乐,那才是相宜的。眼下益州百姓,心神不宁,屡遭战乱,民不安生,应该尽快把田宅归还他们,我们才能得到百姓的拥戴啊!"

刘备和将军们都佩服他的见解,按他的意见办了。

不久,曹操领兵来争夺汉中,搬运几千万袋的粮米囤积在汉水北山脚下。刘备的老将黄忠和赵云奉命去烧劫曹兵的粮草。

两军交战,黄忠被困,赵云举枪来救,刺死曹操手下部将,曹兵大败。曹操亲率大军来攻打赵云,赵云让弓箭手埋伏在营外的战壕里,然后敞开营门,偃旗息鼓,独自一人横枪立马守候曹兵。曹操追到营下,见赵云镇静自若,营内鸦雀无声,深恐中了他的埋伏,下令撤退。赵云命令击鼓反击,曹兵惊恐万状,拼命逃跑,死伤惨重。

赵云获胜的消息很快传到刘备帐内,他兴奋得一宿没有合眼,第二天清早亲自来到军营向赵云祝贺。他看到赵云大破曹兵的情状,惊讶地称赞他说:"赵将军真是一身都是胆呀!"从此人们都称赵云是虎威将军。

人生箴言

> 为学大病在好名。
>
> ——王守仁《传习录》

成长启示

做学问,最大的病患是贪求虚名。

项羽以一当十

　　秦朝末年,秦始皇的儿子胡亥继位(史称秦二世),派兵攻打赵国。赵国请求楚国援助,楚怀王即派宋义(人称卿子冠军)做上将军,项羽做副将,领兵援救赵国。宋义不敢同秦军决战,领兵迟迟不前,贻误战机。项羽假借楚王密令,杀了宋义,楚怀王即委任项羽做上将军,领兵救赵。

　　项羽杀了宋义之后,威震楚国,名闻诸侯。他立即派遣黥布和蒲将军率领两万人马,横渡漳河,救援赵国的巨鹿。但是,并没有取得多大的胜利。赵王手下的大将陈余再次请求楚军援助。于是,项羽亲率全军渡过漳河,命令凿沉全部渡船,砸破所有做饭的大锅,烧掉营房,限定每人只带三天的干粮,以此向全军将士表示誓同秦军决一死战,不打胜仗绝不生还的坚强决心。因此,楚军一到就迅速包围了秦将王离的军队,多次向秦军发起攻击,截断了秦军运粮的通道,把秦军打得落花流水,杀死秦将苏角,生擒王离。秦将涉间不肯向楚军投降,自焚而死。

　　楚军的威势已压倒所有的诸侯军队。参加救援巨鹿的诸侯军队数量很多,布满了十几个营垒。当楚军向秦军发起猛烈攻击的时候,各诸侯军将领都躲在自己的营垒边,袖手旁观,不敢挥兵出战。楚军战士却一当十用,冲锋陷阵,喊杀声惊天动地。诸侯军将士见此情景,无不胆战心惊。大破秦军之后,项羽召见诸侯军将领。他们进入楚军营门的时候,统统跪着向前爬行,都不敢抬头看一眼。从此项羽成为诸侯军的上将军,各路诸侯军队都归他管辖和指挥。

人生箴言

古人学问无遗力,少壮功夫老始成。

——陆游《冬夜读书示子聿》

成长启示

古时的人们做学问是不遗余力的;只有在年轻的时候用功学习,到年老才能有所成就。

义无反顾的司马相如

西汉时期,我国西南部地区居住着一些少数民族,被称作西南夷。有的还处在氏族部落状态中,有的已进入到奴隶社会,形成为小国家。

汉武帝为了与西南夷沟通,派郎中唐蒙(曾任鄱阳令)修治通往夜郎的道路。唐蒙在巴、蜀二郡征用民工过多,又杀了他们的首领,并在西南一带大肆骚扰,引起了巴、蜀百姓的惊恐和不安,发生了骚乱。汉武帝听到这个消息,就命文人司马相如责备唐蒙,又命他写《谕巴蜀檄》,解释唐蒙的骚扰不是汉武帝的旨意,又威胁巴蜀人服从汉朝的命令。司马相如在檄文中写道:"边境郡县的士卒们,闻听战斗的烽火燃起,人人都挽弓冲锋,执戈向前,汗流浃背,紧紧相随,个个争先,唯恐落后。他们迎着敌人的刀刃,冒着如蝗的飞箭,为了正义,决不徘徊退缩;宁可战死,也不打算转过脚跟逃跑,他们满怀义愤,如同自己有深仇大恨。难道他们愿意死、厌恶生吗?难道他们不是在编的大汉国民、与你们巴蜀百姓不属同一个帝王管辖吗?他们深谋远虑,从长计议,急国家之所急,替国家排忧解难,心甘情愿尽到自己的责任。"司马相如的檄文劝导巴蜀老百姓顾全大局,听从命令。他的生花妙笔果然奏了效。巴蜀一带暂时安定下来,修路的工程又开始进行了。

人生箴言

> 白日莫空过,青春不再来。
>
> ——林宽《少年行》。

成长启示

大白天可不要白白浪费掉,青春时光一去不会再回来。

威武持重的吴汉

东汉初年,有一个人叫吴汉,字子颜,南阳宛人。王莽新朝末年,吴汉因为自己的门客犯法而受牵连,逃命到渔阳,盘缠用光了,以贩马为业,往来于燕、蓟之间,结交天下豪杰。光武帝刘秀起兵之后,拜吴汉为偏将军,又拜他为大将军,乃至大司马。

建武十八年(42),蜀郡的守将史歆在成都造反,自称大司马,率兵攻打太守张穆。刘秀派吴汉率兵前去讨伐。吴汉到了成都,经过一百多天的战斗,攻破成都,杀了史歆等叛变之人。吴汉为人刚强能干,每次跟随光武帝刘秀出征,刘秀感到忐忑不安,总是紧张得不能正立。将领们见到战阵形势不利,很多人都十分惶恐,失去常态。而吴汉神态自若,整治器械,激励官兵。光武帝刘秀不时地派人观看大司马吴汉在做什么,使者回报说,大司马正在整修作战器械呢。光武帝刘秀听后,感叹地说:"大司马吴汉的所作所为,还算能激励人的意志。他威武持重,真像一个可以对等匹敌的国家啊!"

人生箴言

一语不能践,万卷徒空虚。

——林鸿《饮酒》

成长启示

> 一句话也不能实践体验,即使读上一万卷书,也是毫无意义的。

三家分晋

韩康子、赵襄子、魏桓子三家灭了智伯,三家的领地大了,因为这三家对待老百姓要比晋国的国君好。所以老百姓都愿意归附。三家都想趁着这时候把晋国瓜分了,各立各的宗庙。要是再推迟下去,等到晋国出了个英明的国君,重新把国家整顿一下,到那时候,韩、赵、魏三家想要安安稳稳地做大夫也许都不行了。可是这么大的事情也不能说做就做,总得找个恰当的时机才好。周考王三年(公元前438年),晋哀公死了,儿子即位,即晋幽公。韩康子、赵襄子、魏桓子他们一见新君刚即位,软弱无能,大伙儿商定了平分晋国的办法。他们把绛州和曲沃两座城留给晋幽公,其他的地区就由三家平分了。如此一来,韩、赵、魏三家就称为"三晋",各自独立。晋幽公一点力量也没有,只好在"三晋"的势力之下忍气吞声地活着。他不但不能把三晋当做晋国的臣下看待,而且害怕"三晋",反倒一家一家地去晋见他们。君臣的名分地位就这么颠倒过来了。

这个消息传到了齐国,齐国的田盘(田恒的儿子)也如法炮制了一番。他把齐国的大城都封给田家的人。这是并吞齐国的头一步。同时,他跟"三晋"交好,有事相互帮助。从此以后,齐国和晋国只要是和列国诸侯来往的事,都由田家跟韩、赵、魏三家出面办理,后来两位国君反倒慢慢地没有人知道了。

公元前425年,赵襄子得了重病。他自己觉得活不久了,就立他哥哥伯鲁的孙子为继承人。

就在赵襄子死的那一年,韩康子和魏桓子相继病死。韩虔继承韩虎的位子,赵籍继承赵无恤的位子,魏斯继承魏驹的位子;齐国的田和(田盘的孙子,田恒的曾孙)继承田盘的位子。从此以后,韩虔、赵籍、魏斯、田和四个大夫连成一气,各自为诸侯。

魏侯以安邑作为都城;赵侯以中牟作为都城;韩侯以平阳作为都城。这新兴的三个国家都宣布了天子的命令,各自立了宗庙,并向列国通告。各国诸侯都来给他们道贺。只有秦国自从和晋国断交之后,早就不跟中原诸侯来往了,中原诸侯也都把它当做戎族来看。秦国当然没派人来道喜。

晋幽公之后,到了他的孙子晋靖公,"三晋"就把这个挂名的国君也废了,让他做个老百姓。从此以后,晋国从唐叔以来的统治系统就断了,连晋国这个名号也不用了。

人生箴言

力学而得之,必充广而行之。
——杨时《河南程氏粹言·论学篇》

🕊 **成长启示**

> 经过努力学习而获得的知识,一定要拿到更广泛的范围里去加以实践。

绝　技

宋朝有个叫陈康肃的人,他射箭射得非常好,能够在百步开外射中杨树的叶子,这样的射技举世无双,再没有第二个人能够比得上。陈康肃对自己的本领很是自负,经常在众人的面前表演他的射箭技术。

有一次,陈康肃在自家后花园的场地上练习射箭,引来很多人围观。看到这么多人在看自己,他感到很自豪。有一位卖油的老人挑着担子经过,也停下来,放下担子,斜着眼睛看陈康肃射箭,很久都没有离开。

陈康肃的箭术果然名不虚传,射出的箭十次有八九次都射中靶心。旁边围观的人们大声喝彩,手心都拍红了。陈康肃偷偷地看了看这些人,他们都流露出十分佩服的目光,只有那位卖油的老人仍斜眼瞅着,只稍微点了下头。

老人似乎有点看不上他射箭的技艺,陈康肃有些不高兴了,又生气又不服气,就放下弓、箭走过去问老人说:"你也懂得射箭吗?难道你认为我射箭的技术还不够精吗?"

老人平静地回答说:"我觉得这也没什么了不起的,只不过你练多了,手熟而已。"

陈康肃终于发怒了,质问道:"你怎么敢如此贬低我的绝技!"

老人也不急,不慌不忙地说:"我是从我多年来倒油的技巧中懂得这个道理的。我就演示给你看一看吧。"

说完以后,老头儿把一个葫芦放在地上,又取出一枚圆形方孔的铜钱盖在葫芦嘴上,然后他用一把油瓢从油桶里舀了一满瓢的油,再将瓢里的油向盖着铜钱的葫芦嘴里倒。只见那油呈细细的一条线流向葫芦嘴,均匀不断。等油倒完了,陈康肃把铜钱拿下来细细验看,竟然连一点油星子都没有沾上。周围一片啧啧称奇声。卖油翁笑了笑,说道:"我这点雕虫小技也没有什么了不起的,不过是手熟而已。"

陈康肃看完了表演后笑了起来,客客气气地把卖油翁送走了。后来,他刻苦练习,再也不到处炫耀了。

人生箴言

生而不知学,与不生同;学而不知道,与不学同;知而不能行,与不知同。

——黄晞《聱隅子·生学篇》。

🕊 **成长启示**

> 生活在世上却不知道学习,这与没有出生并无两样;学习了却不能从中懂得一些道理,这与不学习也没什么区别;学到了道理却不能实行,这仍旧等同于没有学到道理。

汤显祖落第不落志

汤显祖是我国明代著名的戏剧家,自幼聪慧,能"一目十行,过目不忘"。26 岁就发表诗集,曾得到徐文长的称赞。

明万历五年,汤显祖 27 岁,他与好友沈懋学两人进京考试,住在北京东单裱褙胡同的旅馆里。一天,一位贵客登门,此人名张居谦,是当朝宰相张居正的亲戚。见到两人,他就说张居正赏识两人,愿收为门生,派自己前来邀请两人去相府做客。汤显祖觉得其中必有蹊跷,当场就谢绝了张居谦的邀请。

沈懋学平日也自视清高,爱谈"侠义"、"节操",但这个关键时刻却动摇起来,他对汤显祖说:"我们在考前去拜见门师,是历来的规矩,有何不可?"而汤显祖却说:"我们在考前投到丞相的门下,将来考官也会给面子,通融一下。这样,我们即便考上了,也很不光彩。"

沈懋学只好一人拿了文章去拜见张居正。

这张居正是堂堂的丞相,为何屈尊来请汤显祖和沈懋学? 原来,明神宗当太子的时候,张居正是他的老师。明神宗登基后,张居正被任当朝首辅。张居正是改革派的代表人物,有"中兴重臣"之美誉。他为官正直无私,曾竭力举荐海瑞。但他处理家事,就很难心平气和了。张居正的二儿子张嗣修这一年也要参加考试。张嗣修文才平平,而张居正又很想录取他,又想做得冠冕堂皇。有人给他出了个主意,找两个有名的才子和嗣修一起参加考试,让他们中状元、探花,而只让嗣修名列榜眼,这样,天下人就不会说三道四了。

张居正立即派人打听,了解到考生中汤显祖和沈懋学是最有才华的,张居谦又刚好认识他俩,因而就有了前面的一幕。

沈懋学去了丞相府,汤显祖一个人留在旅馆,准备考试。不久,张居谦又上门来了。他对汤显祖说:"丞相看了懋学的文章,很为欣赏。他听说你的文章在懋学之上,你带文章去见他,定能得到青睐。"汤显祖一听,心里清楚,只要自己去见丞相,前程便不可限量。

但他不愿这样做。从少年时代开始,他的家教和师教,铸成了他正直诚实、极度鄙夷趋炎附势的个性。

汤显祖对张居谦说:"学生非常感谢丞相的厚爱,但我现在要忙着准备考试,待以后有机会定去拜访。"

"你也真迂腐! 你去,说不定就让你中状元了。"

"正因为这样,我才不去。我不愿因为此事让天下人耻笑。"汤显祖一口回绝。张居谦讨了个没趣,悻悻回丞相府去了。

这一年,沈懋学中了状元,张嗣修中了榜眼,而最有才学的汤显祖却名落孙山。

过了三年,他又进京考试。谁知,这一次又碰到张居正的长子、三子考试。这一次,汤显祖仍然回话说:"我不能自辱其身!"桀骜不驯的汤显祖再次落第。一直到万历十一年,张居正病故后,汤显祖才中了进士。

汤显祖多次落第却不丧失自己的志气,这种品质难能可贵。

人生箴言

> 青春背我堂堂去,白发欺人故故生。
>
> ——薛能《春日使府寓怀》。

成长启示

> 青春时光大摇大摆地离我而去,白头发欺负人似的一根接一根地长出来。

追求真理的斗士

李贽是我国明代著名的思想家、文学家,号卓吾。他一生离经叛道,追求真理。1602 年,一封奏折惊动了万历皇帝,不久李贽的书被列为禁书。

此时的李贽,从姚安知府任上辞官归隐已二十余年,已是个 75 岁高龄的老人,正养病于河北通州。一个早已退出政坛的衰迈老人,为何令朝廷上下如此惊恐不安呢?除掉种种侮蔑构陷之辞,奏章中所称刻书"流行海内,惑乱人心",倒是道出了其中的要害。

《焚书》《续焚书》《藏书》《续藏书》——李贽这些怪异的书名正寓示着他思想的叛逆性。在这些著述中,李贽反对迷信孔子,反对以经书开科取士:"两汉以来都以孔子的是非观来判定是非,所以没有是非";他痛斥根深蒂固的男尊女卑观念;揭穿"存天理,灭人欲"的宋明理学之说的虚伪……他一直以"异端"自居。

李贽在宦海中沉浮,在人生苦难中挣扎,看透了封建道统的荒谬和假道学的伪善。他直抒己见,理直气壮地做他认为正确的事。为此,他得罪了一个个好友、高官,仕途坎坷;他生计艰难,七个儿女六个夭折;他四处遭受攻击,连住所也被人烧掉。但他从不动摇。他的著述不胫而走,人们竞相传抄、刊刻,到处都有他的刻本行世,总计"不下数十百种"。

不久,锦衣卫的差人从京城赶来拘捕他。听着杂乱的脚步声,看着门人慌乱的神色,问明了来人,已经卧病三月的李贽,奋力挣扎着爬下床来,大声喊道:"那是来抓我的,快拿门板来抬我去!"他镇静地躺在门板上,在差人的押解下进了京城,下了监狱。一路风雨劳顿,他的身体已经十分虚弱了。升堂时由差人架上堂,卧于阶上受审。面对审问,他高声作答:"我写的书很多,都在,尽可以审查,对人们只有好处,没有坏处。"审判官员无话可说,审完了也没做定论。李贽无所畏惧,做诗明志,将生死置之度外。

审讯抓不住有力的罪证,呈报也久久没有批复,李贽的身体却日益虚弱。他自知来日无多,决心以一死相抗争。一天他要人给他剃头,乘机夺过剃刀自杀身亡。一个反封建的斗士,就这样走完了他抗争的一生。

李贽辞世了,他的书在明代遭到两次查禁,清代也列入"禁毁书目",长达数百卷的《明史》中没有他的传记。但是无论怎样,其书仍广泛流传,深刻影响了后来的思想家。

人生箴言

天下不可一日而无政教,故学不可一日而亡于天下。
——王安石《临川先生文集·明州慈溪县学记》。

成长启示

国家不可一天没有教育,学习的事在国家里不可一天不存在。

从状元到实业家

张謇是我国近代有名的实业家和教育家,江苏南通人。他从小勤奋苦读,光绪年间考中状元。但他却无意做官,就在光绪二十一年(1895),在家乡创办大生纱厂,投资实业。开业那天,来自南京、上海等地的官员、名流、富商、记者都纷纷前来庆贺。附近几个县的许多农民、经营布匹的商人,还有被招进厂的工人,也都来助兴庆贺。工厂开工后,只听得汽笛一声长鸣,车间里纱锭立即飞转起来,雪白的棉花转眼间成了缕缕细纱,一箱箱棉纱很快从工厂源源不断地运出来。

纱厂经理张謇身着西服,打着领结,带领贵宾们进入工厂办事厅。大厅的抱柱上有一副张謇自撰的对联,是请光绪皇帝的老师翁同禾书写的。上联是"枢机之发动乎天地",下联是"衣被所及遍我东南"。

办事厅左右两壁,挂有四幅"厂做图"。有一幅是《鹤芝变相》图。鹤芝是指广东富商潘鹤琴和福建富商郭茂芝。当初在商量合股办厂时,他俩负责在上海集资四十万两(银),用于购买机器设备。张謇和沈敬夫等人在南通集资二十万两,用于在南通购买地基,兴建厂房和采购原料。后来因股权产生分歧,潘、郭两人退股使张謇遭到挫折。

桂指江宁商务局总办桂嵩庆,杏指盛杏荪,乃李鸿章亲信,华盛纺织厂督办。盛杏荪曾答应投资二十五万两,桂嵩庆也表示愿集资五六万两。谁知两人中途毁约,使张謇四年的努力付诸东流。这构成了《桂杏空心》图。

当时,南通城里忽然谣言四起,说他办厂失败,所投资金全被他挥霍一空,并拿走了南通乡试、会试资金,连考试都无法如期举行。谣言制造者是南通知州汪树堂,想趁机整垮大生纱厂。张謇只好耐心劝说,详细说明。在筹办纱厂五年中,张謇自谋生计,自己个人不曾动用纱厂一分钱。这就是《水草藏毒》图的内容。

张謇为筹集纱厂流动资金,奔波来往于南京、芜湖、武汉、上海、扬州等地,钱不够时以南通状元之名卖字来筹措路费。当时浙江官员朱幼鸿看到他陷入困境,表示愿意收购大生纱厂,但张謇不为所动,仍继续奔走。南通最大的布商沈敬夫,敬佩张謇致力实业、为民谋利的不屈精神,向张謇表示纱厂所需流动资金由他解决,办法是用纺出的纱来换当时需要的棉花。

大生纱厂开工后,赢利丰厚,逐年增长。第二、第三两年,每年纯利都在二百万两以上,在同期华资纱厂中获利居于首位。但张謇仍不满足,雄心勃勃地以大生纱厂为龙头,兴办了众多的厂外企业。为了建立固定的原料基地,张謇在沿海滩涂上进行垦牧植棉,地跨数县,投资达一千一百余万两。1919年,他令从美国学成归国的长子张孝若筹建淮海实业银行,任总经理,并在上海、南京、汉口、苏州等地设立分行。

张謇是19世纪末20世纪初,在私人办厂的浪潮中涌现出的一位实业巨子。他立志于用实业来救国,为民族工业的发展作出了不可磨灭的贡献。

人生箴言

凡长育人材也,教之在宽,待之以久,然后化成而俗美。

——程颢、程颐《二程集·粹言·论学篇》。

成长启示

　　培育人才的事,教育面要宽,培养时间要长,然后才能形成好的教化和好的风气。

怀素学书

在我国书法史上,有一个"颠张醉素"的美称,"颠张"指的是张旭,"醉素"则是指怀素。怀素的狂草继承了张旭,并自成一家,后人称之为"以狂继颠"。

怀素自幼家贫,出家当了和尚。寺内有位师兄爱好书法,小怀素常帮他磨墨,逐渐对书法产生了浓厚的兴趣,就跟着读书写字。师兄让他先临摹欧阳询的楷书,他的字不久就学得很像欧体,便想开始学草书。师兄告诉他,楷书是书法的基础,不练好楷书,别的书体就写不好,写不出神态。不管做什么事,都要下苦功打好基础。

怀素没有钱买文房四宝,于是就在寺院附近种了万余株芭蕉,以蕉叶代纸,人们称该寺为"绿天庵"。芭蕉叶不够用,他想方设法油漆了一块木板来练字,时间久了,木板竟被写穿了。练习书法要用毛笔,用上一段时间,就成秃笔,无法再用。怀素弃笔成堆,他将秃笔埋在山下,戏称"笔冢"。他学欧体形神兼备,几可乱真。他接着又学三国时期魏国钟繇的楷书。钟繇是我国楷书奠基人,其楷书笔意飞动,点画之间多异趣,对怀素的草书产生了积极的影响。

在扎实的楷书基础上,怀素开始学习东汉张芝的草书。张芝被称为"草圣",写字一笔而成,气脉能与隔行相通。怀素也学王羲之、王献之草书。他身怀绝艺,有超越前贤的勇气。有人劝他:"当代张旭狂草已名扬天下,你想在此领域内开创新天地,那实在太难了!"怀素笑道:"我写草书在笔画瘦挺、结构造型、章法布局、运笔气势等方面,有自己特色,我要选择这条最为艰难的路奋勇前行!"

唐肃宗乾元元年(758),大诗人李白被流放夜郎(今贵州),途经湖南时与年轻的怀素相遇。酒逢知己千杯少,怀素在大醉中挥洒翰墨,一如龙蛇盘绕。李白也乘着酒兴抒发胸臆,写了《草书歌行》相赠。李白此诗迅速传开,怀素也从此名震天下。唐代宗大历四年(769),诗人苏涣来长沙任幕僚,也惊叹怀素草书的神妙,鼓励他南游广州,并为之向广州刺史徐浩写了推荐信。徐浩是当时著名的书法家,精于楷书。怀素慕名而去,两人一见如故,徐浩留怀素住了一年多,他的草书闻名于岭南。

唐代宗大历六年(771),怀素游历京城长安,京中名流与文士都愿与他交游,常常请他当场挥毫。怀素喜欢喝酒,在酒酣之际运笔纵横,神采飞扬,酣畅淋漓而又有法度。诗人窦冀目睹此情此景,写诗赞叹:"粉壁长廊数十间,兴来小豁胸中气。忽然绝叫三五声,满壁纵横千万字。"忽然绝叫是怀素的创作冲动不可抑制、情不自禁地发出强烈的呼叫。诗人戴叔伦也写诗赞道:"驰毫骤墨剧奔驷,满座失声着不及。"在场的观众目光居然跟不上怀素迅疾的挥毫笔势,失声叫好,这显示出怀素高超的书法艺术具有冲击人心的震撼力。

在京城长安,怀素如饥似渴地研读各书法名家的精品,观看了众多的名家碑刻和题字,几乎达到了如痴如醉的地步。怀素曾向颜真卿学过书法,颜真卿把自己学得的张旭笔法毫无保留地传给他,使他感动万分。他也去拜见其他文士名流,大家都以诗相赠。他将师友的赠诗汇编成册,名为《怀素上人草书歌》。颜真卿为此诗集作序。长安之行使怀素大开眼界，大长见识。他的狂草艺术得到社会名流的赞许，从此一跃而登上中唐书坛。

一年之后，怀素载誉回到长沙，继续精研书艺，由灿烂渐趋平淡。晚年所书《自叙帖》《苦笋帖》，刚劲圆转，回笔藏锋，在艺术上直追张旭，成为唐代书坛上草书艺术的第二座高峰，对后世产生了深远的影响。

人生箴言

> 善者一日不教，则失而入于恶；恶者勤而教之，则可使至于善。
>
> ——欧阳修《答李诩书》。

成长启示

对好人如果一天不进行教育，他们就会失足而成为坏人；对不好的人如果经常加以教育，就能使他们转变成好人。

梁灏考状元

梁灏（963－1004），字太素，东平州城人，出身官宦之家。少年丧父，他由叔父抚养成人。梁灏自幼专志好学，曾立下誓言决意要考中状元。结果时运不济，屡试不中，受尽别人讥笑。但他并不在意，他总是自我解嘲说考一次就离状元近一步。他从后晋天福三年开始应试，历经后汉、后周，直到宋太宗雍熙二年才考中状元。

那一年他已经82岁了。当皇帝召见他时，他的表现丝毫不逊于年轻的状元，深得世人的赞赏。

梁灏满头白发才得中状元，自己一点也不以为意，因为他终于达到了目标，完成了心愿。为此，他曾写诗自嘲：

> 天福三年来应试，雍熙二年始成名。
>
> 饶他白发头中满，且喜青云足下生。
>
> 观榜更无朋侪辈，到家唯有子孙迎。
>
> 也知少年登科好，怎奈龙头属老成。

人生箴言

教不立，学不传，人材不期坏而自坏。

——程颢、程颐《二程集·粹言·论学篇》。

成长启示

> 不兴办教育，不传授学业，不想让人堕落他们也会自己堕落。

忍辱负重

陆逊，字伯言，三国时期吴郡吴县（今江苏省苏州市）人。他最初在孙权的将军衙署做东西曹令史，后来出任海昌屯田都尉，兼管县中政事。县中连年干旱，他开仓赈济贫民，劝农督桑，政绩优异。当时吴郡、会稽、丹阳一带，山贼骚扰，侵害百姓。陆逊获得准许自行招兵，深入险隘征讨，一一荡平，被升为定威校尉，屯驻利浦。

镇守陆口的都督吕蒙，计划夺取荆州，扬言有病回到吴国的京城建业（今南京市）。陆逊去见他，对他说："你的防地和关羽相连，怎么能远远地离开？没有适当的人接替实在令人担心。"吕蒙说："你说的完全对，可是我病重了。"陆逊说："关羽恃着勇气惯于欺凌别人。如今建立了攻打樊城、水淹七军、斩庞德、擒于禁的大功，意气骄横思想松懈，只专心北伐进军，不留意我们，听到你病了，一定更加不会作防备。我们出其不意地进攻，定然可以成功。你见了主上，要好好商定主意。"吕蒙见了孙权，就推荐陆逊接替自己，并说："陆逊计谋深远，才能足以担当重任。他还没有名声，关羽不会顾忌他。若任用他,叫他不动声色暗中行事,一定可以成功。"孙权就任命陆逊为偏将军右都督代替吕蒙镇守陆口。陆逊到了陆口,写信给关羽,称颂功德,表示庆幸自己能得到盟军强有力的庇护,措辞极为谦恭。关羽本来就轻视陆逊,认为他只是个书生,后生小子,看了来信非常高兴,不再有什么防范。陆逊奏报孙权,提出偷袭荆州的方略。孙权就暗中调动军队行动,派陆逊和吕蒙为前锋部队,一出兵就攻战了公安、南郡,跟着又攻下宜都、房陵、南乡。关羽在樊城前线得到急报赶紧回师,却已进退失据,部下士兵逐渐溃散,终于败走麦城,被吴将潘璋所截杀。荆州全部落入东吴手中。陆逊以功劳升为右将军、镇西将军,晋封娄侯。

刘备为报杀关羽、夺荆州之仇,亲自统率七十万大军讨伐东吴。孙权任命陆逊为大都督,统率五万人马前往抵御。刘备从巫峡、建平直至夷陵连营七百里,先派吴班带领数千人在平地立营,显示老弱,进行挑战。吴军将领都纷纷要求出战。陆逊说:"这里头一定有阴谋诡计,我军只许坚守,静待局势的变化。"果然刘备在山谷中埋伏了重兵,因诱敌不成,只好作罢。陆逊认为刘备军队初来,锐气正盛,应当避免交锋。敌方求战不得,相持日久,自然松懈,然后再捕捉战机。可是部下的将领体会不到他的意图,以为他害怕强敌,懦怯畏战,都心怀愤恨不满。这些将领,有的是孙策时的旧将,有的是公室贵戚,就各恃身份,不想听从号令。陆逊按剑厉声宣布:"我虽然是个书生,但接受了主上的重任。国家所以要委屈诸位听我节制调度,是因为我有些长处,能够忍辱负重的缘故。各人要负责严守隘口,不得妄动。军法无情,切莫违犯!"后来,刘备移营于山林间,陆逊用火攻计,火烧七百里连营,乘胜追击,蜀军兵败如山倒,刘备连夜逃回白帝城去了。

后人根据这个故事引申出一句成语:"忍辱负重"。意思是能不避怨谤,忍受屈辱,承担重任。

人生箴言

达亦不足贵,穷亦不足悲。

——李白《答王十二寒夜独酌有怀》

成长启示

显达之时不必自诩高贵,困窘之时也不必悲伤不已。

燧人氏击石取火

"人猿相揖别,只几个石头磨过。"人类之所以区别于其他动物,一是因为人类能思维,二是会说话,三是能劳动。人们通过数百万年的艰苦劳作,生存能力得到了逐渐的积累和提高,其中以石器为生产工具及筑巢而居、用火、人工取火等技术的出现都具有划时代的意义。

人类用火的历史是十分久远的,一百七十多万年前的元谋人已经会用火了。不过,当时还只能用自然火,如打雷引起的火灾倒成了人们的火种。

当然,在远古时代,特别是原始人群阶段,火种不仅是可遇而不可求的稀罕物,而且是极难遇到的极稀罕物。

火的作用最初被人们认识,是在雷劈树木燃烧林木后来不及逃走的野兽身上发现的。那些俯首可拾的焦糊物不仅得来容易,而且美味可口,比较起"茹毛饮血"来简直是不可同日而语。于是,他们就把火种小心翼翼地带回住地,大家行动起来,果然是众人拾柴火焰高,把兽肉烧烤一番,一致地赞不绝口。

后来他们发现,冬天烤肉吃也好,夏天烧肉吃也好,身上暖烘烘、热乎乎的。好了,又一个发现:可以取暖。

平时这帮人仗着人多势众,把一些野鹿呀、野狗呀追得满世界跑,偶尔碰上老虎、老狼则要呲牙咧嘴地和他们对峙老半天。可是自从有了火,即便是半夜三更他们胆子最虚的时候,老虎、老狼只要看到火头不对,拔腿就跑。乖乖,原来它们也有怕头呀!于是,人们发现了火的神奇。

不过,也有天不遂人愿的时候,这就是火种的保存。

原始人保存火种,一般有两个办法。一是把一些菌类植物点燃,让它慢慢燃烧,但是有点太麻烦,专人看守(一般是老年妇女)自不必说,搞不好这辈子就再也无法碰巧遇到火了;二是将燃烧后的火堆用以往的灰严严实实盖起来,用的时候扒开,用易燃的植物引着。但人有失手,马有漏蹄,时间长了也难免不出问题。

火呀,它困扰了原始人群一百六十万年。

时间推移到距今十万年左右的母系氏族社会,原始人的生产力水平已经发展到较高的程度,他们把石头固定在绳子上,旋转几圈飞出去,用惯性打回过去那些可望而不可及的猛兽,古书上称作"飞土逐肉"。

男子狩猎、打鱼,女子采集、烤肉、缝衣、照顾孩子,人们在与自然界顽强斗争中争取到了一点保障。但是,火的问题仍然悬而未决。

也就是十万年前的一天,有一位男子在一座山脚下转来转去,希望寻找一些制作石斧的石料。这山上别的东西不多,石头有的是。工夫不大,几块坚硬如铁的石料到手了。说干就干。石头对石头,硬碰硬。"哐,哐,哐。"旧石器时代以来八十万年屡见不鲜的现象出现了,那就是火花。

就像被人们司空见惯的苹果从树上落下,掉到牛顿头上第一次引发出万有引力定律的火花一样,这位击石而作的人灵机一动:"这不是火嘛!"

　　火是火,星星之火。怎样把它引发呢? 按照以往保存火种的经验,干透了的某些植物是否可以派上用场呢? 经过反复试验,第一星火种,不,是第一星人工火种就这样在人类的历史上轰轰烈烈地诞生了。

　　人工取火的意义十分重大,在中国有对燧人氏的赞颂,在古希腊有对偷上帝火种的普罗米修斯的赞扬。他让在艰难中苦斗的原始人从此可以经常吃上熟食,既容易消化,又增长智力;他让举火围猎及九万年后的刀耕火种有了可能,让制陶及远地取水从而可以适当地离开水源以外的地方居住有了可能,让取暖照明有了保障。在当时那个时代,这个发明怎么估价都不过分。他是中国的普罗米修斯,人们尊他为燧人氏。

　　燧人氏发明了人工击石取火术后,人们又逐渐发明了钻木取火、摩擦取火术,于是,火种的获取就比较方便了。刚燧石打击一些易燃的干燥植物取火的方法,在 20 世纪 50 年代前,我国的一些偏僻乡村还在广泛采用。

人生箴言

> 胜败兵家事不期,包羞忍耻是男儿。
> 　　　　　　　　　　——杜枚《题乌江亭》

成长启示

　　战争的胜负是兵家无法预料的,忍辱负重才是真正的男子汉。

第二章

善待生活中的失意

在人生的道路上，每个人都渴望成功与喜悦，可是，在不经意中失意却悄然而至，紧紧地握住我们的手。面对失意，我们应该善待它。

有的人很努力地想办成某件事，结果却失败了，好不失意；有的学生学习很用功，但考试临场发挥差，结果名落孙山，也很失意；有些伤心的事我们不愿意它出现，结果偏偏出现了，令人失意……这个时代，充满竞争与诱惑，失意更多。芸芸众生，都是食人间烟火的普通人，谁也无法避免失意。

失意能使人意志消沉，一蹶不振；失意也能使人振作起来，吸取教训，克服困难，一步步走向成功。关键是我们采取什么样的态度去对待它。

面对失意，最重要的是要学会心理上的自我调节，并树立坚强的意志。失意的时候，我们不妨平心静气地想一想，为什么会失意，原因出在哪里？找出症结，对症下药，坚强地面对现实，努力攻克难关,失意的阴霾就会烟消云散。失意有时也是因为对不切实际的希望要求得太高造成的,做好了心理调节,心理平衡后,失意的感觉自然也就荡然无存。

失意是人生五线谱上的音符,只要我们的心是乐观、坚强的,它就会发出人生的最强音;失意是生命里尚未成熟的青橄榄,它很苦涩,只要我们善于用心血去浇灌生命之树,最终就一定会收获甜蜜。

一个人在一落千丈时的思想是他一帆风顺时很难得到的;失败后的成功幸福感永远是苟且偷生的人所无法享受到的。

——读书札记

商汤灭夏

黄河下游有个部落叫商。传说商的祖先契在尧舜时期,跟禹一起治过洪水,是个有功的人。后来,商部落因为畜牧业发展得快,到了夏朝末年,汤做了首领的时候,已经成为一个强大的部落了。

夏王朝统治了四百多年。到了公元前 16 世纪,夏朝最后的一个王夏桀在位。夏桀是个出名的暴君,他和奴隶主贵族压迫人民,对奴隶镇压更为残酷。夏桀还大兴土木,建造宫殿,过着荒淫奢侈的生活。

大臣关龙逢劝说夏桀,认为这样下去会丧失人心。夏桀勃然大怒,把关龙逢杀了。百姓恨透了夏桀,诅咒说:"这个太阳什么时候才会灭亡,我们宁愿跟他同归于尽。"

商汤看到夏桀十分腐败,决心消灭夏朝。他表面上对桀服从,暗地里不断扩大自己的势力。

那时候,部落的贵族都是迷信鬼神的,把祭祀天地祖宗看做最要紧的事。商部落附近有一个部落叫葛,那儿的首领葛伯不按时祭祀。汤派人去责问葛伯。葛伯回答说:"我们这儿穷,没有牲口作祭品。"

汤送了一批牛羊给葛伯作祭品。葛伯把牛羊杀掉吃了,又不祭祀。汤又派人去责问,葛伯说:"我没有粮食,拿什么来祭祀呢?"

汤又派人帮助葛伯耕田,还派一些老弱的人给耕作的人送酒送饭,不料在半路上,葛伯把那些酒饭都抢走,还杀了一个送饭的小孩。

葛伯的行为激起了大家的公愤。汤抓住这件事,就出兵把葛消灭了。接着,又连续攻取了附近的几个部落。商汤的势力渐渐壮大了,但是并没引起夏桀的注意。

商汤妻子带来的陪嫁奴隶中,有一个名叫伊尹的。传说伊尹开始到商汤家的时候,做厨师服侍商汤。后来,商汤渐渐发现伊尹跟一般奴隶不一样,商汤和他交谈以后,才知道他是有心扮作陪嫁奴隶来找汤的。伊尹向汤谈了许多治国的道理,汤马上把伊尹提拔做他的助手。

商汤和伊尹商量讨伐夏桀的事。伊尹说:"现在夏桀还有力量,我们先不去朝贡,试探一下,看他怎么样。"商汤按照伊尹的计策,停止了对夏桀的进贡。夏桀果然大怒,命令九夷发兵攻打商汤。商汤一看夷族还服从夏桀的指挥,连忙向夏桀请罪,恢复了进贡。过了一年,九夷中一些部落忍受不了夏朝的压榨勒索,逐渐叛离夏朝,商汤和伊尹才决定大举进攻。

自从夏启以来,同姓相传已经四百多年,要把夏王朝推翻,也不是一件简单的事。汤和伊尹商量了一番,决定召集商军将士,由汤亲自向大家誓师。汤说:"我不是进行叛乱,实在是夏桀作恶多端,上帝的意旨要我消灭他,我不敢不听从天命啊!"他接着又宣布了赏罚的纪律。

商汤借上帝的意旨来动员将士,再加上将士恨不得夏桀早早灭亡,因此,作战非常勇敢。夏、商两军在鸣条打了一仗,夏桀的军队被打败了。最后,夏桀逃到南巢,汤追到那里,把桀流放在南巢,一直到他死去。这样,夏朝就被新建立的商朝代替了。

人生箴言

他山之石,可以攻玉。

——《诗·小雅·鹤鸣》

成长启示

其他山上的石头,可以拿来雕琢玉器。

文王吐子

殷王朝最后一个王叫做纣,是历史上最有名的暴君。

纣王荒淫无耻,整天花天酒地,为所欲为。他从来不理朝政,想尽办法剥削老百姓。为了方便自己寻欢作乐,纣王役使成千上万的奴隶,花了七年工夫,在京城朝歌修建了一座非常高大壮观的鹿台,然后又到处抢夺珠宝美女放在宫里,并且在宫里修建酒池肉林,整日跟一帮宫女妃子在里面寻欢作乐,过着糜烂不堪的生活。为了防止国人在背后骂他,他还特地设计了一种极其残酷的刑法,叫做"炮烙"。若是有大臣敢于批评他,或者有人在背后说他坏话,他就用这种刑法惩罚他们,许多人都被活活烧死了。

那时西伯侯姬昌(即周文王)是个很正直的人,眼看着纣王一天天腐化堕落,人民生活在水深火热之中,心里非常着急。纣王杀了忠直的叔父比干之后,文王知道纣王已经无可救药,不禁暗中叹息。没想到却被一个奸臣崇侯虎听到了,于是向纣王进谗言,说文王将来可能会造反。

纣王一听,立刻就把文王抓起来,关在牢里。文王被抓之后,他的大臣太颠、闳天、散宜生、南宫括都为文王担心,怕他也被抓去受"炮烙"之刑。他们四人赶紧跑到牢里去探望文王,费了许多周章,总算见到了文王,文王暗示他们要多给纣王送美女和珠宝,并且一定要快。四个人回去之后,立刻四处搜寻美女和奇珍异玩,准备营救文王。

那时候的天子怕诸侯造反,往往要把诸侯的儿子扣在京城做人质。文王的大儿子伯邑考,当时就被纣王留在身边做人质,替他驾车。纣王因为怀疑文王造反,不仅把文王抓起来,还把伯邑考剁成了肉酱,煮熟了之后做成肉丸送去给文王吃。还对身边的文武大臣说:"都说姬昌是圣人,圣人当然是不会吃自己的儿子的。"但是使者回来说,文王把那些肉丸都吃了,一点怀疑也没有。于是纣王觉得姬昌也不过是个凡人,也就不大把他放在心上了。

恰好这时,文王的四个大臣给纣王送来了美女和财宝。贪财好色的纣王看着绝色美女和大批奇珍异玩,高兴得不得了,又指着美女说:"只要这一样就足以释放姬昌了,何况还有那么多宝贝,哈哈哈哈!"于是纣王马上命使臣释放了文王。文王知道原来纣王送给他吃的肉丸竟然是自己的儿子伯邑考之后，悲愤万状，心中燃起熊熊怒火，发誓一定要杀了纣王，解救天下苍生，为伯邑考报仇。

离开牢里不多久，文王总觉得胸腔里堵得慌，非常难受。后来实在忍不住了，于是下了马，把手指伸进喉咙里，忽然"哇"的一声，吐出了许多小动物，它们全身雪白，红红的眼睛，短短的尾巴，长着三瓣嘴，非常乖巧温顺。文王一见，抱着它们大哭起来，一边哭一边念着伯邑考的名字。文王把这些小动物带回家，好好地养在后花园里。

后人因为这种小动物是文王吃了儿子伯邑考的肉而吐出来的，于是称它们为"吐子"，后来演变成为"兔子"。

文王回去之后，励精图治，又经过许多年，他的另一个儿子周武王终于灭掉了商，建立了周朝。

人生箴言

> 义，志以天下为份。
>
> ——《墨子·经说上》

成长启示

义，就是立志以天下的事作为自己份内的事。

勾践卧薪尝胆

春秋末年,长江下游有两个国家,一个是吴国,一个是越国。吴国的国君叫夫差,越国的国君叫勾践。

公元前494年,勾践听说吴王夫差日夜调集军队,准备进攻越国,就决定先发制人,派兵偷袭吴国。不料,在夫椒遭到了吴军精锐部队的拼命抵抗,越军损失十分惨重。越王勾践只得带领残余部队退守会稽(今浙江嵊县境内)。可是,吴王夫差仍然率军乘胜追击,把会稽围得水泄不通。大军压境的形势下,勾践为了保住越国不被吴国灭亡,只得派人带着丰厚的礼物向吴王夫差认罪求和,表示只要吴王夫差答应不灭掉越国,他本人和夫人及大臣范蠡都宁愿到吴国给吴王做奴仆。与此同时,勾践又派大臣文种携带珠宝、美女贿赂吴王身边的大臣伯嚭,请他在吴王面前多进美言。吴王夫差见越国已是不堪一击,如今又见勾践低声下气地恳请求和,便答应了越王的请求,带兵撤回了吴国。

吴越议和之后,越王勾践命文种守国,自己带着夫人和范蠡来到吴国都城服役。他像奴隶一样,见到夫差毕恭毕敬,给夫差洗马、扫院子、舂米、推磨……就这样苦熬了三年。这时夫差觉得勾践完全信服了自己,便在大臣伯嚭的怂恿下,释放勾践回国。

勾践回国之后,不辞劳苦,勤于国事,苦思冥想报仇雪耻之策。为了不让安逸的生活消磨自己的斗志,他不再到宫中睡觉,而是睡在点火用的木柴和稻草堆上;不再吃山珍海味,而吃粗菜淡饭。为了鞭策自己不忘国耻,他在桌子上面悬了一颗苦胆。每天吃饭的时候,便先尝尝苦胆的滋味。随从痛心地问他:"国君,这样的生活难道能忍受吗?"

勾践回答说:

"不这样磨炼自己的意志怎么行呢?请你们以后经常提醒我,喊一声'你忘了在会稽蒙受的耻辱吗?'使我永远记住亡国之痛、辱国之恨!"

由于战败,越国疆域缩小,人口减少,国库空虚,财力严重不足。针对这种情况,勾践制定了一个"十年生聚,十年教训"的计划,抚慰人民,聘请贤才,惩治贪官,整编军队,开源节流,聚积力量。他本人也亲自耕织。于是,越国人心振奋,生产发展,兵强马壮,国家一天天走向繁荣富强,报仇雪耻的条件日益成熟。

公元前482年,吴王夫差为了称霸中原,挥师北上,将精锐部队调去进攻北方的齐国,只留下太子带一些年老体弱的兵士留守国内。勾践见报仇雪耻的时机已到,立即带领四万九千名精兵大举进攻吴国,杀死吴国太子。吴王夫差在黄地听到噩耗,肝胆俱裂,惶恐不安,只好低声下气地向越求和。

越王勾践打了胜仗之后,并没有沾沾自喜,他依然牢记那次失败的教训,牢记北方还有强大的敌人,依然卧薪尝胆,努力奖励耕织,加紧操练军队,增强国家的经济实力和军事实力。四年之后,越又兴兵攻吴,终于彻底击败了吴国,逼得吴王夫差在姑苏山上自杀身亡。勾践最终实现了报仇雪耻的宏愿。

越王勾践在国破家亡的困难境地,不为困境所屈服,卧薪尝胆,自强不息,两千多年来,激励了众多的志士仁人发愤图强,百折不回。

人生箴言

运筹于帷幄之中,决胜于千里之外。

——《史记·高祖本纪》。

成长启示

在军营的帐篷里谋划决策,就决定了千里之外战争的胜负。

孙膑刖脚著兵法

战国时期,齐国出了一位伟大的军事家,名叫孙膑。

孙膑是春秋时期伟大的军事家孙武的后代,自幼喜欢军事,曾同庞涓一起跟随鬼谷子王栩学习兵法。孙膑志向远大,专心学习进步很快。而庞涓却浮夸自负,一心惦记回国后的飞黄腾达,学业上自然赶不上孙膑。

后来,魏惠王为了称霸中原,到处招览人才,扩大魏国的军事实力,庞涓听到消息后,急急忙忙赶到魏国,做了魏国的将军。庞涓拜将之后使出浑身解数,出兵打败了卫、宋和齐国的入侵,深得魏王的信任。但是,他心里非常清楚,孙膑的学识远在他之上。如果孙膑将来回到齐国,将是他的劲敌。为了消除这个心头之患,庞涓设法将孙膑骗到魏国做官。

孙膑为人忠厚,不知是计,一到魏国之后,尽职尽责为魏国操练兵马。庞涓看到后,越发惶恐、嫉恨。于是他在魏王面前屡进谗言,诬蔑孙膑身在魏国,心在故国,是齐国的奸细。魏惠王信以为真,便下令叫人逮捕孙膑,并在其脸上刺上字,还剜掉了他的两个膝盖骨,使孙膑成了终身残废。

孙膑蒙受了这不白之冤和酷刑后,心中十分愤懑,尤其听说是老同学庞涓用毒计陷害以后,更是怒火满胸。然而,在庞涓得宠魏国时,他只能强抑心头的仇恨,装成不知人事的疯人,使庞涓逐渐放松对他的监视。

后来,齐国有位使臣来到魏国国都大梁。孙膑冒险偷偷地去见他,请他设法营救。齐使听到孙膑的遭遇之后,非常钦佩和同情,在回国的时候,便把孙膑藏在马车里,秘密带回了齐国。

孙膑到了齐国以后,深受齐威王和大将田忌的尊重。在优厚的礼遇面前,孙膑更加自强不息。他竭忠尽智,将自己的才能奉献给齐国。

公元前353年,魏国派庞涓率兵进攻赵国。孙膑采取“围魏救赵”的战术,在桂陵埋伏重兵,截击庞涓,大败魏军;公元前342年又用“减灶设疑”的妙计,诱使庞涓的魏军走入齐军的埋伏圈,在马陵将魏军杀得片甲不留,逼得庞涓走投无路,拔剑自刎。同时,孙膑又于戎马倥偬之中,根据学习的军事理论和自己的军事实践,撰写军事著作,以顽强的毅力在竹简上写成了共89篇的《孙膑兵法》。这部兵法,继承和发展了孙武的军事思想,提出了许多重要的战略战术主张,对中国乃至世界的军事史产生了重大的影响,至今仍闪烁着熠熠光辉。

人生箴言

以修身自强,则名配尧禹。

——《荀子·修身》。

成长启示

通过品德修养达到自强,则名声可与古代圣尧、禹齐名。

法显取经

东晋隆安三年(399)秋天,六十多岁的法显决心去天竺(印度)取经,同行者有慧景、道整等几个僧人。他们从长安出发,沿着古老的丝绸之路,开始了漫长而艰辛的旅行。

西出敦煌,他们便进入大沙漠,上无飞鸟,下无走兽,四顾茫茫,无路可寻,只能以死人的枯骨来辨别前进的方向。沙漠中白天太阳似火,夜间寒气逼人。刮风时沙浪腾空,人畜常被吞噬。他们艰难地走了十七天,终于到达鄯善国(今新疆若羌)。以后他们又横穿塔克拉玛干大沙漠,到了于阗国(今新疆和田)。此地富庶,百姓热情好客,使他们得到了休整。

隆安五年(401)夏天,法显等经过两年多长途跋涉,到达葱岭(今帕米尔高原)。此地高寒,夏天也有积雪,居民即名为雪山人。岭西南有山道通往南方。他们或登石阶,或牵铁索过河,进入北天竺。行经数国,见佛教繁盛。到达弗楼沙国(今巴基斯坦白沙瓦)后,同行者或散或死,或回故土,只剩下法显和慧景两人了。他俩继续前行,计划翻过小雪山,前往佛教中心中天竺。小雪山终年冰雪,翻越困难。慧景最终支持不住,栽倒在雪地上,口吐白沫,说:"我不行了,你要继续向前,不然都会死在这里!"说完就咽气了。法显抚摸着同伴尸体,悲号痛哭,咬紧牙关往前走,终于翻过小雪山,到达中天竺。

中天竺位于恒河流域,是佛教圣迹荟萃之地。法显花了四年多时间,几乎走遍中天竺各国城市乡村,遍访当地佛寺和名胜,收集佛教经典戒律。这里气候温和,不下霜雪,百姓生活富裕。居民没有户籍,来去自由;治政不用法律,有罪罚款,重新作恶者也不过截去右手而已。按佛教戒律,居民不杀生,不饮酒,不吃葱蒜。大家不养猪鸡,市内没有酒店肉店。僧徒来往,饮食、衣服、住房都免费供应。

法显特地访问了佛祖释迦牟尼的诞生地迦维罗卫城(今尼泊尔南部)。此城是佛祖之父净饭王(白净王)的故国,但法显见到的却是一片废墟,人烟稀少,白象、狮子出没其间,不禁感慨良久。摩羯提国的巴连弗邑(今印度巴特那),是佛祖"悟道成佛"及生前重要游化之地,故佛教最盛,"圣迹"很多,藏经也很丰富。这里是法显主要朝圣处,他在此住了三年,讲经说法,学习梵文梵语,抄录经典。他的勤学精神和渊博知识,受到当地各国僧侣的赞扬。此后,他又用了两年多时间游历东天竺各国,继续广求佛经,学画佛像。

东晋义熙五年(409)初冬,法显携带大量的佛经与佛像,乘大商船纵渡孟加拉湾到达狮子国(今斯里兰卡),在此又游历留学两年。这时他出国已十二年,取经求法的愿望已经实现,对祖国的怀念之情越来越强烈。一次,他偶然在一座佛殿里看到一把来自故国的白绢扇,这位独处异域的老人不禁热泪纵横,不能自已。

义熙七年(411年)秋,法显搭乘一艘大商船踏上了归途。东行两天,突然台风袭来,海浪滚滚,船漏水入,接着又逢连阴暴雨。船在无边的海上飘荡,迷失方向,几十天后才在耶婆提国(今印尼苏门答腊岛)停泊靠岸。五个月后,法显又搭乘一艘去广州的大船,途中经历种种艰险,终于在义熙八年(412)7月,在青州牢山(今青岛崂山)登陆。当这位将近八十高龄的大师一踏上祖国土地,立即受到当地官员和百姓的欢迎。次年夏天,法显来到东晋国都建康(今南京),开始了紧张艰苦的翻译佛经和著述工作。

法显这次旅行留学,先后到过我国西北、阿富汗、克什米尔、巴基斯坦、印度、尼泊尔、斯里兰卡、印度尼西亚、印度洋及我国南海等地,一共用了 13 年零 4 个月。他是世界史上横穿中亚、南亚大陆,并由南洋海路回国的第一人。他年逾花甲登上万里征途的壮举和不畏艰险、勇往直前的精神,至今仍然激励着我们。他所到之处给当地人民留下不可磨灭的印象,被称作传播友谊的使者。他带回梵文佛教经典共十种,达数百万字。经过七八年的努力,共译出五种经典,约百余万言。他是把梵文佛经直接译成汉文的第一人。这是中外文化交流史上的一个创举,对保存东方古代文化典籍有着重要意义。他将自己旅行的经历写成《法显传》(又称《佛国记》),这也是一本杰出的文学游记,是研究古代中外交通、历史和人文的珍贵文献,被译成多种文字广为传播。

人生箴言

君子之学也,岂可一日而息乎。

——欧阳修《杂说三首》。

成长启示

君子做学问,哪可以有一天的停歇呢!

身处逆境不失志

汉朝的开国元勋韩信,从小勤奋读书,精心钻研古代的兵法,立志做一名将军。他爹娘早死,家境贫寒,经受了许多磨难,然而在逆境之中,韩信不是怨天尤人,垂头丧气,而是坚韧不拔、自强不息。

韩信有一个当亭长的朋友,家里丰衣足食。为了生存,韩信经常到这个朋友家求食,时间一长,亭长的妻子就十分厌恶,开始时,冷言冷语,指桑骂槐;后来索性早早吃饭,等韩信赶到那里,饭已吃完。韩信明白她的用意后,一气之下,再也不到这家吃饭。

为了填饱肚子,韩信只好到淮河边以钓鱼为生。由于钓到的鱼卖不了几个钱,以至衣不蔽体,食不果腹。淮河边上有一个浣纱的老妇见韩信饿得可怜,便常把自己带的饭分一份给韩信。韩信十分感激,便对老妇人说:

"承蒙您老人家这么照顾,将来我一定重重报答您的恩情。"

老妇人生气地对他说:

"男子汉大丈夫,自己不能养活自己,太没出息了。我看你可怜才分点饭给你,谁要你的报答!"

韩信听了老妇人善意的指责,惭愧不已,同时,也更坚定了自强于世的决心,每天看书练武,祖上留下的一把宝剑,时刻携带在身边。

淮阴城里的一批无赖,见韩信穿得破破烂烂却挎着一把宝剑,

便有意加以污辱。这天,韩信上街办事,迎面碰到一个屠户的儿子。这人斜着眼对韩信说:

"看你长得高大,其实是个胆小鬼,你如果不怕死,就用宝剑把我杀死;如果怕死,就从我裤裆底下钻过去。"

说着又开双腿,狂笑着对韩信横加凌辱。韩信看到这种局面,胸中怒火熊熊。但想到自己远大的志向,又强抑心头怒火,用双眼紧紧地注视对方好久,然后低下头,俯下身,慢慢地从这个无赖的裤裆下钻了过去。胯下受辱,不仅没有泯灭韩信的志气,反而更加激发了他自强于世的决心。

秦末农民起义爆发后,项梁率领起义军渡淮北上,来到韩信的家乡淮阴。韩信带着宝剑投身军戎,做了项羽的侍卫。韩信根据自己的学识胆略,多次向项羽献上用兵良策,然而,项羽瞧不起这个小小的侍卫,根本不理睬韩信。在这种情况下,韩信仍然没有失掉自己的志气,在刘邦进军四川之后,便偷偷离开项羽,爬山越岭,吃尽千辛万苦,投奔了刘邦。

然而事情并不是像他想得那么顺利。到了刘邦军中之后,刘邦开始也不信任他,更谈不上什么重用。后来,经萧何极力推荐,刘邦才半信半疑地筑台拜将,任命韩信为大将军,统率汉军全部兵马。

韩信担任大将军后,立即显示了他非凡的军事才能。第一年明修栈道,暗渡陈仓,消灭了雍、塞、翟三国,迅速平定了三秦,为汉军打开东进的通道。第二年,兵出函谷关,木罂渡黄河,平定了魏、赵等地,形成了对项羽军队的包围圈。最后,他指挥垓下围歼项羽的伟大战役,结束了长达四年的楚汉相争,成了身系天下的重要人物。

人生箴言

君子之学如蜕,蟠然迁之。

——《荀子·大略》。

成长启示

说君子的学习就像生物脱去皮壳一样,应不断地变化更新。

科教兴国的热心人

自古以来,曾任杭州长官的多不胜数。但为人们称颂不绝的却不多:唐代李泌为杭州留下六井清泉,白居易留下一湖西湖水,宋代苏轼留下一道苏堤,再有,就是清末林启,为杭州留下了一批在国内有影响的学校,为以后振兴中华、科教兴国培育了大批英才。

林启到杭州上任时,时在中日甲午战争之后,列强掀起了瓜分中国的狂潮。国势风雨飘摇,有志之士奔走呼号,筹划富国强兵、救亡图存之策。林启上任伊始,就从杜绝官场陋习入手,提倡农桑,积极兴办学校。林启在杭州见农民养蚕连年歉收,不敌日本和意大利,他便奏告朝廷创立蚕学馆,以西湖金沙港土地作桑园。光绪二十四年(1898)三月蚕学馆开学,他自兼总办(校长)。总教司(教务长)是留法学蚕业的汇生金,同时还聘请了一些外籍教师。学生毕业后,成绩优秀者,送日本留学,回来任教,充实师资队伍。

此后,闽、粤、鄂、川等地相继也办起蚕桑学堂,师资大多是蚕学馆毕业生。蚕学馆以后虽屡次变更校名,但始终存在,是今天浙江工程学院的前身。

林启来杭州时,曾受命查办普慈寺案件,由国家没收其庙产。他请示浙江巡抚廖寿丰,请求利用寺屋兴建学校,这一动议得到在北京的一些浙江籍官吏的赞成支持。学校于1897年4月开学,校名为求是书院。林启自任总办,选择有志之士加以培植,讲求实学。求是书院以后改称浙江大学堂,就是今天浙江大学的前身。

光绪二十五年(1899),圆通寺僧不守庙规,为社会舆论所谴责,林启遂驱逐寺僧,将寺改为养正书塾。因寺旁有英国人梅滕更开设的广济医院,梅扬言要上台训清廷总理衙门。林启则据理力争,寸步不让。林启所办的三所学校均未称学堂,是因为当时正处在戊戌政变前后,守旧者、恶僧、讼棍均敌视新政和学堂。他袭用书院、书塾旧名,为的是减少阻力,用心可谓良苦!

养正书塾性质属于普通中学,以后改为杭州府中学堂,浙江省立第一中学,也就是今天尽人皆知的杭高前身。

林启在为杭州做了大量实事、好事以后,于光绪二十六年(1900)四月卒于任所。其家属准备运灵柩回家乡福建安葬,杭州人闻知后,出于对林知州的爱戴,坚请留葬杭州,说:"林太守虽是福建人,可又是我们杭州的太守","他为浙江人鞠躬尽瘁,已成了杭州人"!惟恐不能说服,又找来太守的诗作为凭据。林启在诗中表示:"为我名山留片席,看人宦海度云帆。"杭州人将此诗句作为林启的遗愿,终于同意把他葬在孤山。墓成之日,杭州人举城奠祭。西子湖上,群舟蚁集,细雨霏霏,像是在悲痛地细诉着林太守的事迹。

人生箴言

风声、雨声、读书声,声声入耳;家事、国事、天下事,事事关心。

——顾宪成语

成长启示

> 风声、雨声、读书声,各种声音都应听到耳朵之中;家事、国事、天下事,各种事情都要关心。

徐建寅和"镇远"号

光绪二十七年(1901)3月31日,汉阳钢药厂。徐建寅在简陋的厂房里正为已经试验成功的硝化纤维无烟火药的投产作最后的准备。这家工厂的技术工作本是聘请外国人负责的。去年庚子之战后,外国停止向中国供应火药,这家厂的"洋工"也突然撤走,投产变得遥遥无期。"难道中国就听凭列强摆布?"徐建寅当然不甘心。他不顾连续数月奋战的劳累,昼夜赶制,自配药方,自制设备。这天,他本来是可以歇息的,可是一想到即将正式投产,万一有什么疏漏,又跑到厂里检验起来。正当他和工人们一起搅拌药料,不料机器磨热,起火炸裂,顿时声如霹雳,火光烛天。徐建寅这位优秀科技专家和十几名工人一起英勇殉职了。

徐建寅殉职时未满六旬,但他以自强不息精神投身科技救国已有四十余年。

徐建寅十七岁开始随父亲在安庆军械所参与研制成功中国第一艘轮船。后来应李鸿章征调,到天津制造局负责研制作为火药重要原料的硝酸。第二年(1875年),由山东巡抚丁宝桢委派,任筹建中的山东机器局总办。他"躬自制造,未尝延用洋人",两年时间建成一座制造枪炮弹药的兵工厂。光绪五年(1879),李鸿章推荐他以驻德参赞的身份,到德国以及英法考察,为筹建中国海军觅购主力舰。

抵达柏林的当天晚上,驻德公使李凤苞拿出李鸿章嘱其协助徐完成任务的亲笔信。看罢此信,徐建寅才真正感到这项使命非同小可。当时担任中国政府总税务司的英人赫德,力主向英国购买。而总理衙门竟然"颇为所感",甚至还想请赫德兼任总海防顾问,把中国的海防大权也交到洋人手中。北洋大臣李鸿章联合南洋大臣沈葆桢"极力辩争",才使此议作罢。但派谁"觅购"呢?沈葆桢力主委之洋人,否则"恐多周折,省费而必致糜费"。李鸿章坚决反对,坚持委之于徐建寅。徐建寅要完成的是关系中国海防的大事啊!

为了完成好任务,徐建寅给自己提出了严格要求。"觅购"不能是照"样"订货,必须根据世界战舰发展现状和我国的实际需要,提出设计思想来委托定制。他首先向德国铁甲舰的权威请教,看演习,详询问,持续数日,确定初步的设计思想。他访问德国、英国多家造船厂、海军基地乃至海军部。调查了解,征求意见,比较各舰的优劣长短,并让他们"核实价格,以便比较"。斟酌再三,最后才和德国优尔铿船厂签订合同,并对船、炮设计提出详尽的具体要求,弥补了德国现行铁甲舰的不足。建造中,他亲自译出德、英两国海军部颁发的造船规章和验收章程,严格按规程办事,并派两名中国留学生驻厂日夜监工。他自己也不时到船台查验,以保证战舰质量。为使中国海军真正拥有"坚船利炮",徐建寅可说是耗尽心血。后来命名"镇远"、"定远"这两艘北洋水师主力舰,其吨位、装甲、火力配置和性能,在当时国际上都堪称一流水平。

徐建寅十分珍惜这次宝贵的考察机会。在"欧游"二十余月里,除为订购军舰奔波于德、英、法三国并监督施工外,他还参观、考察了八十多家工厂和科技单位,了解了近两百项工艺设备和管理方法,足迹遍及这三国的重要军工基地和工厂,日程表上排的除了工作,还是工作。在工厂,他从设备运转、生产流程到实际操作,都详细询问,并一一作了记录。在矿井,他手持油灯,和工人一起上下百余级木梯,下到井底去亲眼察看开巷、掘进、开采。即便是路过偶而发现的优于中国的河闸,他也不放过,画在自己笔记本上。在他的游欧日记中,记载了许许多多当时世界上最先进的宝贵的金属加工工艺和设备,以及一些先进的管理方法。所有这一切,都是为了富国强兵、实现他"科技兴国"的梦想!

然而令人痛惜的是,徐建寅苦心"觅购"来的北洋水师主力舰,尽管技术和装备一流,然而由于政治腐败,在不久爆发的甲午海战中竟全军覆没,葬身海底,给后人留下了许多深刻的思考。

人生箴言

> 莫等闲,白了少年头,空悲切。
>
> ——岳飞《满江红·写怀》

成长启示

> 不要虚掷时光,等少年的黑发变成白发,便只能空自悲切了。

齐白石励石立志

一代国画大师齐白石,不仅在图画艺术上达到了炉火纯青的境界,而且在篆刻艺术上也有较高的造诣,说起他学习篆刻的经历,还有一段感人至深的故事呢。

齐白石20多岁的时候,在学习绘画的同时,对祖国源远流长的篆刻艺术也产生了浓厚的兴趣,经过勤学苦练,他已初步掌握了篆刻的刀功、技法。为了提高自己的篆刻技艺,他十分盼望得到名师的指教。有一次,齐白石听说长沙来了一位"篆刻名家",就立即放下手中的活计,赶到长沙,并带了一块寿山石登门求教。这位"名家"见到这个衣着破旧的乡村小伙子求教,根本没有放在眼中,当即不耐烦地叫齐白石过几天再来。过了几天,齐白石满怀希望地又来了,谁知这人把齐白石带来的寿山石一扔说:

"石头没有磨平,磨平再来!"

齐白石怅然地拿回已磨得很平的石头,又认真地磨了一遍。可是,当他第三次拿着石头向"名家"请教时,这人连看都没看一

眼,就扔给了齐白石,还傲慢地说:

"连块石头都磨不平,还想学篆刻?再拿回去练练磨石吧!"

齐白石这才明白,不是石头未磨平,而是这位名家根本瞧不起自己这样一个出身低微的人。齐白石气愤地接过石头,转身奔出门去。

回到家中,齐白石暗自发愤:

"一定要在篆刻上下苦功夫,形成自己的风格。不达目的,誓不罢休。"

没钱买篆刻石料,他就四处寻找周围山头的石头。不久,他听说离家不远的南冲泉山上有一种石头可治印,便冒着酷暑,从山上采来满满两大筐石头。挑回家中后,他着迷一样,拿了这些粗石磨了刻、刻了磨。手上磨出鲜血,屋里成了泥塘,家中到处是石浆。

一天一天过去了,齐白石篆刻功夫日益提高。终于,靠着这种顽强奋斗的精神,他突破了印章在章法、刀功等方面的重重难关,形成了对比强烈、气势恢弘的特殊风格,成了一代篆刻名家。

人生箴言

好读书,不求甚解,每有会意,便欣然忘食。

——陶潜《五柳先生传》

成长启示

喜欢读书,但不苛求自己弄清每个字句的意思,每逢顿悟时,就高兴得忘了吃饭。

边荣塘自强不息

一个十岁的孩子,以自己稚嫩的翅膀挑起了生活的重担,在人生的道路上走得这么稳健,这简直是令人不敢相信的事迹。

边荣塘本来应和同龄人一样,有个幸福的家。然而,他出生之后,不幸却一直跟随着他。四岁的时候,他父亲抛弃了他和他的母亲离婚而去。脆弱的母亲自此悲恨交加,一病不起。年迈的姥姥只好搬到他家,照顾卧床的女儿和幼小的外孙。不幸的是,荣塘八岁的时候,姥姥又重病缠身,撒手离去。自此,家庭生活的重担就落在了小荣塘稚嫩的肩上。

生活的不幸和磨难,使小荣塘过早地成熟了。他深深懂得,在人生的道路上,任何软弱退缩,都只能加深痛苦和不幸;只有抬起头,挺起胸,做生活的强者,才能使生活充实而富有色彩。在不幸和困难面前,小荣塘勇敢地迎了上去。

每天清晨,当同龄的孩子还在被窝中酣睡的时候,小荣塘就早早地起了床,忙碌起他和母亲的早饭。饭熟了,他盛上饭,端到母亲床前,轻轻地唤醒母亲,递上一条湿毛巾:

"妈妈,洗了脸吃饭吧,药还在老地方,水倒上了,吃了饭就吃药!"

妈妈接过毛巾,擦擦眼中的泪水,望望懂事的儿子,轻轻地点了点头。

"妈妈,我上学去了。碗先放着,等我放学回来再刷。"说着,顺手拿起一个馒头,轻轻地带上门走了。这样的一幕,每天都在这个母子相依为命的不幸家庭重现。

中午放学了,同龄的孩子都像小鸟一样,欢笑着蹦跳着回到家中,享受爸爸、妈妈的疼爱和家庭的温馨。然而,小荣塘匆匆忙忙回到家中后,先是放下书包,走到妈妈床前,亲亲妈妈的面颊;接着赶快从屋外搬来蜂窝煤,用星期天捡来的冰棍棒点着炉子,然后挎起竹篮走向菜场;再做上可口的饭菜,送到妈妈床前……

清苦的生活,使小荣塘学会了精打细算,对价格昂贵的时鲜菜,他从不问津。为了省钱,他学会了蒸馒头,因为一斤面粉比一斤馒头便宜几分钱。妈妈那微薄的工资收入,在他手里安排得合情合理。

家庭的不幸,使小荣塘在学习上愈加刻苦用功。每天晚上,当同龄孩子钻入被窝的时候,小荣塘才忙完家务。照顾妈妈入睡后,他才能打开作业本。做完老师布置的作业后,他又扑进书籍的海洋,带着无数小问号去涉猎那书中所描绘的世界,如饥似渴地汲取知识。尽管他承受着别的孩子难以承受的生活重担,但是,他的作文几乎篇篇优秀,成为老师和同学啧啧称赞的范文,各科成绩也都令人羡慕不已。他成了同学们最佩服的人。

生活的不幸和困难,可以摧毁弱者的意志,然而对于强者,却是磨炼意志的砥石,使人愈加坚强。幼小的边荣塘就是这样一个生活的强者!

人生箴言

君子强学而力行。

——扬雄《法言·修身》。

成长启示

有道德的人勉励自己学习并且努力去行动。

攻苦食淡

西汉初年,汉高祖刘邦立吕后所生的儿子刘盈为太子。刘盈生性懦弱,为人处世老实巴交的。刘邦怕他将来继承不了自己的事业,就打算废了他,另立戚夫人生的赵王如意为太子。

在封建社会里,废、立太子是一件大事,因为太子是皇位的继承人。按照当时的规矩,太子一般为皇帝的嫡长子。赵王如意不是嫡长子,刘邦怕立他为太子,大臣们会引经据典地起来反对,便召集大臣们来商议此事。一商量,大臣们果然都不赞成。有一个叫叔孙通的太子太傅更是竭力反对。他对刘邦说:"春秋时,晋献公就是因为宠幸骊姬,改立太子,使晋国乱了数十年,为天下人耻笑。秦朝时,也是因为没有早立扶苏为太子,致使赵高等伪造诏书,立了胡亥,使秦王朝二世而亡。太子刘盈既仁慈又孝顺,全天下的人都知道,吕后和陛下攻苦食淡,怎么能违背常理,另立太子呢?如果陛下一定要坚持废掉太子,另立如意,我情愿先死一步。"刘邦见大臣们都反对,便说:"算了,算了,我只不过和你们开开玩笑罢了。"

人生箴言

百闻不如一见。

——《汉书·赵充国传》。

成长启示

> 听别人说一百次,不如自己亲眼看一次。

张衡的伟大发明

张衡(78 - 139),字平子,祖居南阳西鄂(今河南南阳石桥镇),是东汉时期著名的天文学家、政治家、文学家和画家,浑天仪和地震仪的发明者。

张衡出身贫寒,早年丧父,从小就在艰难的环境中刻苦磨砺,发愤学习。十多岁的时候,他不仅博览群书,而且能够写得一手好文章,闻名于乡里。

后来,张衡离开家乡,到长安和洛阳的太学里读书。他有着强烈的探讨大自然奥秘的愿望,经常通宵达旦地钻研各类科学问题。他对天文地理现象进行过长期的观察和测量,为他后来的创造与发明奠定了基础。

通过自己的科学研究,他断定地球是圆的,月亮是借太阳的照射才反射出光来。在一千多年前能提出这样的科学见解来,叫后人不得不佩服张衡的才智。

不仅如此,张衡还用铜制造了一种测量天文的仪器,叫做"浑天仪"，上面记录着日月星辰等天文现象，他设法利用水力来转动这种仪器。浑天仪制成后，京都的学者纷纷赶来观看。到了夜里，张衡让一部分人站在屋内，一部分人站在屋外，结果，屋里面的人通过仪器看到的同屋外的人看到的完全一样。据说什么星从东方升起来，什么星向西方落下去，都能在浑天仪上看得清清楚楚。

东汉年间，经常发生地震，地震的破坏性极大，往往使好几十个郡的城墙、房屋发生倒塌，人员和牲畜的伤亡极大。

一发生地震，人们就以为这是鬼神在显灵，害怕得不得了。有人还趁机宣传迷信，欺骗人民。

但是，张衡却不信这些，为了能够预测地震发生，减少灾害，他对记录下来的地震现象进行了细心的考察和试验，发明了一个测报地震的仪器，叫做"地动仪"。

地动仪是用青铜制造的，形状有点像一个酒坛，四嗣刻铸着八条龙，龙头向八个方向伸着。每条龙的嘴里含了一颗小钢球，龙头下面蹲了一个铜制的蟾蜍，张嘴对准龙头。哪个方向发生了地震，朝着那个方向的龙嘴就会自动张开来，把钢球吐出，钢球掉在蟾蜍的嘴里，发出响亮的声音，就给人发出地震的警报。

公元138年2月的一天，地动仪正对西方的龙嘴突然张开来，吐出了钢球。按照张衡的设计，这就是报告西部发生了地震。

可是，那一天洛阳一点也没有地震的迹象，也没有听说附近有哪儿发生了地震。因此，大伙儿议论纷纷，都说张衡的地动仪是骗人的玩意儿。

过了几天，有人骑着快马来向朝廷报告，离洛阳一千多里的金城、陇西一带发生了大地震，大伙儿这才信服。张衡地动仪的发明,要比欧洲地震仪发明早一千七百多年。

张衡为人正直,朝廷掌权的宦官或是外戚,怕张衡在皇帝面前揭他们的短,就在皇帝面前讲张衡很多坏话。因此,他被调出了京城,到河间去当国相。

三年后朝廷又任命他为中央尚书令。张衡不久病死。张衡地动仪的发明对我国乃至全人类的科学技术进步都有巨大的影响。后人把张衡誉为"地震学的鼻祖"。

人生箴言

眼前多少难甘事,自古男儿当自强。

——李咸用《送人》

成长启示

眼前有多少不如意事,男儿从来要自强自立。

陈轸巧喻说秦王

秦惠王任命张仪为相国,陈轸颇为失望,转而投奔楚国,楚王却没有立即重用他。这时候,韩国和魏国正在交战,秦惠王想让两国和解,征求左右亲信大臣的意见,左右看法不一,争论不休,秦王一时犹豫不决。

陈轸此时恰巧被楚王派往秦国。秦惠王见到陈轸,很高兴,想向他征求意见,试探着问:"先生离开我到楚国去,有时会想起我吗?"陈轸微微一笑,不作正面回答,却反问秦王:"大王听说过越国人庄舄的故事吗?"秦王道:"没听说过。"

陈轸说:"越人庄舄在楚国做了大官,不久生病了。楚王私下里对大臣中谢说:'庄舄在越国是一个地位很低的人,现在在这儿做了大官,不知道他还想不想越国?'中谢说:'一般人思念故国,大都是在生病的时候。如果他想念故土,就会用乡音说话。现在庄舄生病,正是试探的好时候。'楚王派人前去探听,庄舄在病中说话果然操的是越音。我现今虽在楚国供职,难道就会忘记秦国的方音吗?"

秦王听后,甚感欣慰。于是就韩、魏战事征求陈轸的意见。

陈轸仍然不愿正面回答秦王的问题,而是给秦王讲了一个故事:

"从前,有一个壮士,名叫卞庄子,干的是捕杀猛兽的营生。有一次,卞庄子看见两只老虎正在吃一头牛。他认为这是刺杀的好机会。正准备上前，附近客店里的一个伙计阻止了他。伙计说："客官不必匆忙，这两只老虎正在吃牛，等会儿吃得舒服，必然会相互争斗。两虎相争，那小的就会被咬死，大的也会受伤。那时候，你只须追杀那只受伤的老虎，就可一举两得。'卞庄子依计而行，果然事半功倍，一举成功。"

陈轸讲完故事，对秦王说："如今韩、魏交战，恰似两虎相争。大王不正是那刺虎的卞庄子吗？"秦惠王大悟，当即决定不予调解，坐等韩、魏两败俱伤的时候从中渔利，后来果然成功。

人生箴言

> 君子耻其言而过其行。
>
> ——《论语·宪问》。

成长启示

> 君子以说得多、做得少为耻辱。

国旗飘扬在世界最高峰

郭超人是北京大学中文系新闻专业1956届毕业生。在学校的时候,他学习成绩优秀,但是他用于新闻专业学习的时间并不多,而是广泛接触了哲学和历史。郭超人广泛涉猎的书籍中,给他留下深刻印象的是瑞典探险家斯文赫定的《亚洲腹地旅行记》,这部游记用相当大的篇幅记述了西藏。毋庸置疑,郭超人十分钦佩斯文赫定的冒险精神、胆量和惊人的毅力,但是斯文赫定由于时代的局限和民族偏见,对西藏的描写着力渲染其荒蛮、落后、阴暗的一面。郭超人想到这就是西藏给世界的印象,他觉得十分屈辱。由此毕业分配时,大部分同学都留在了大城市,而郭超人却坚决要求去西藏做一名记者,他要通过自己的眼睛和双手写出真实的报道,改变西藏在世界上的形象。

郭超人1956年进藏,1959年向人们真实报道了西藏民主改革;1960年攀登珠穆朗玛峰时,郭超人接受了采访任务。作为一名记者,他可以在山下等着,再采访写作,可以只发消息而不发通讯,但是郭超人选择了一条艰难的路。

透过迷蒙的风雪,望着天空中盘旋的老鹰,郭超人和登山队侦察队队员们一起忍受着强烈的高山反应,在漫长的冰川上摸索着前进,终于登上海拔六千六百米处,叩响了世界最高峰的大门。中国登山队历经艰险,将红旗插上了珠穆朗玛峰之后,郭超人即刻电发了消息和两篇长篇通讯:《珠穆朗玛峰的日日夜夜》和《红旗插在珠穆朗玛峰》。很少有人知道,郭超人写字的时候,笔重得好像有千斤,耳鸣眼花,胸闷气短,眼睛肿得只剩一条缝儿,几乎睁不开,他是用一只手撑开眼皮,另一只手完成写作的。

年仅二十五岁的郭超人由此实现了自己的起飞。当有一种力量推动他翱翔的时候,他决不爬行!

人生箴言

不怨天,不尤人。

——《论语·宪问》。

成长启示

不怨恨天,不责怪人。

围魏救赵

战国时期,魏国派军队进攻赵国。魏国的军队很快包围了赵国都城邯郸,情况十分危急。赵国眼看抵挡不住魏国的攻势,赶紧派人向齐国求救。

齐国的国君立刻召集大臣们讨论对策,有的大臣说:"不能出兵啊,这次魏国的力量很强大,我们出兵也打不过他们。"

可是,齐国和赵国一向关系非常好,这样见死不救似乎又太不近人情。于是,齐王还是决定出兵救魏。

齐王派遣齐国大将田忌率兵前去解救邯郸。这时,他的军师赶紧劝他说:"魏国这次来势汹汹,硬碰硬是不行的。我们得想个好办法,避开魏军的锋芒啊。"

田忌问:"可是,有什么好办法呢?"

军师接着说:"眼下魏军全力以赴攻赵,精兵锐将想必已倾巢出动,国内肯定只剩下一些老弱残兵。魏国此时顾了外头,国内势必空虚。如果我们此时抓住时机,直接进军魏国,攻打魏国都城大梁,魏军必定会回师来救,这样,他们撤走围赵的军队来顾及都城的紧急情况,我们不是就可以替赵国解围了吗?"

一席话说得田忌茅塞顿开,他十分赞赏地说:

"先生真是英明高见,令人佩服。"

军师接着又补充说:"还有一点,魏军从赵国撤回,长途往返行军,必定疲惫不堪。而我军则趁此时机,以逸待劳,只需在魏军经过的险要之处布好埋伏，一举打败他们不在话下。"

田忌听了军师的话后，立即下令停止向赵国前进，改道直奔魏国都城大梁。他们到了大梁城附近，让人放出话去，把要攻打大梁的声势造得很大，一边却在魏军回师途中设下埋伏。果然，魏军得知都城被围，慌忙撤了攻打赵国的军队匆匆回国。在匆忙跋涉的途中，人马行至桂陵一带，不想齐军擂鼓鸣金，冲杀出来。魏军始料不及，仓皇抵御，哪里战得过有着充分准备的齐军。魏军被杀得丢盔弃甲，还没来得及解救都城，便几乎全军覆没。这次战争，齐军大获全胜，赵国也得到了解救。

人生箴言

能攻心则反侧自消，从古知兵非好战；不审势即宽严皆误，后来治蜀要深思。

——赵藩《武侯祠联》。

成长启示

能在心理上征服敌人就不会有以后的反叛与疑惑，自古以来知道怎样用兵的人并不是喜好战争；如果不能对局势有清晰的认识与把握，无论政策宽松还是严厉都会造成失误，所以后世治理蜀地的人要深思熟虑。

第三章
一路坎坷也从容走过

现实生活之中,我们没有人不追求和向往美好。但老天好像就是要与人作对,人生往往十有八九不如意。

人生的坎坎坷坷在所难免,源于生活中的矛盾,根本是要有一个正确的态度。意志薄弱者遇到挫折时,便觉得"天塌下来了",从此心灰意懒,顾影自怜,碌碌无为,精神萎靡,甚至走上不归路。而意志坚强的人,则不会屈服于命运的坎坷,往往是从哪里跌倒再从哪里爬起来,愈受阻愈拼搏,决不畏缩不前,反而会取得更加骄人的业绩。

其实,事物都是一分为二、辩证统一的。顺境和逆境是相对的,也是可以相互转化的。如一旦挫折发生,就应该正视现实,以一种良好的心态泰然处之,从容对待,把坏事变成好事。

其实,正是不幸和坎坷增加了人生的内涵,使人生显得更有力度,人生的意义才更加丰富。

人生的道路充满荆棘,坎坷不平。但生命是美丽的,人生更是美好的。在人生的道路上即使一步一个血迹,也能从容走过。我们应笑对坎坷,傲视不平,任它一路坎坷。

在逆境中成才需要有意志,对于一个意志坚强的人来说,逆境会使他平添风采.却不容易改变他成才的趋势。

——读书札记

舞剑与书法

　　唐代有个年轻人，他非常喜欢书法，尤其喜欢写狂草，可是，狂草可不好写啊。因为狂草要求人写的速度很快，力度不好掌握，而且字形怎么变化才好看也不好掌握。这个年轻人练了很久，可是没有什么进步。有一天，他练了很久也没有什么体会，他一生气把笔扔了，闷闷不乐地走到集市上。在路上，他还在想，自己练了这么久，为什么就是没有什么气度和神韵在字里面呢？

　　这时，前面吵吵嚷嚷的，有好多人从他的身后跑到前面去了，他感到很奇怪，心想：他们都去赶着干什么啊，急急忙忙的。

　　走近一看，原来是一位当时很有名的舞剑的女子今天要在这里舞剑。这个年轻人想，今天我也没有心情练字了，我也去看看吧。于是，他就凑到前面去了。这个女子的剑果然舞得很好，叫好的声音不断，这个年轻人也觉得很吸引人。看完后，他想，舞剑的人很多，基本的动作也都一样，为什么这个女子舞剑就那么吸引人呢？

　　第二天，这个年轻人又去看了，他看得很认真。果然，这个女子舞剑的动作虽然是从基本动作中来的，但是却变化多端，用剑的力度在不同时候也不同。他看着这个女子的剑端，仿佛看到了自己的毛笔，看到自己挥舞着毛笔，动作有张有弛，变化多端。突然，一阵掌声响起，原来女子已经表演结束了，他也从幻想中醒来。

　　在回去的路上，他非常兴奋，因为他从女子的剑中，已经悟出了写狂草的道理。他回家后赶紧练了起来,果然写的字大有长进。后来,他终于成为了一位著名的书法家。

人生箴言

终日乾乾,与时偕行。

——《周易·乾·文言》。

成长启示

一天到晚谨慎做事,自强不息,和日月一起运转,永不停止。

陈嘉庚爱国办学

陈嘉庚,福建厦门人,爱国华侨的代表。

1890 年,陈嘉庚随父亲到南洋经商。1905 年,他在新加坡自立门户开办了菠萝罐头厂和福山菠萝园。经过几年的努力,陈嘉庚还清了父亲破产时欠下的债务。后来,他又投资橡胶业,取得了巨大成功,他成了当时海内外知名的实业家,被称为华侨的三大巨富之一。

虽然富有,但陈嘉庚并没有想着个人挥霍享受。在异国他乡,他饱尝了漂泊的辛酸,十分渴望自己的祖国早日强大起来,使漂泊海外的游子不再遭受欺凌。陈嘉庚经常面对波涛翻滚的大海,朝着家乡的方向自言自语:"余久客南洋,心怀祖国,希图报效,已非一日。"

1901年,孙中山到南洋宣传革命,使陈嘉庚眼前豁然开朗,便毅然加入了同盟会,并慷慨解囊捐助兴国大业。当孙中山宣布中华民国成立时,陈嘉庚不禁喜极而泣,立即寄去了5万元新加坡币。

辛亥革命后,袁世凯窃取了革命果实,祖国又陷入了北洋军阀的黑暗统治之中。陈嘉庚在孙中山的激励下,决定走教育救国的道路。他回到家乡厦门后,立即把昔日的小渔村建成了拥有中小学和专科学校的全国独一无二的"集美学村"。后来,他又出资100万新加坡币,创办了设备完善的厦门大学。

创办大学很不容易,要使一所设备先进的大学正常运转则更加艰难。陈嘉庚希望南洋的其他富商共同资助,但无人响应。于是,他毅然担负起了集美学校和厦门大学两个重担。两个学校每个月需要3万元经费,为了筹款,他不得不变卖自己苦心经营起来的部分产业。

不久,受世界经济危机的冲击,债主强行将陈嘉庚的企业交由债权人指定的监控者监管,只给他保留公司总经理的职务。而陈嘉庚提出的唯一条件就是:必须保证提供集美学校和厦门大学的教育经费。有人见他处境困难,好心劝他停止支付学校经费。他坚定地说:"关两校如关门,自己误青年之罪小,影响社会罪大,在商业尚可经营之际,何可遂行停止。一经停课关门,则恢复难望。"

　　1940 年 3 月,陈嘉庚以南侨总会主席的身份回国考察和慰问。在重庆考察期间,陈嘉庚认识到了蒋介石的反动面目,当蒋介石请他加入国民党时,他愤然拒绝。鉴于"蒋介石处心积虑阴谋消灭共产党,实较消灭日寇更为迫切",陈嘉庚决定赴延安考察中共情况。

　　在延安考察期间,陈嘉庚亲眼目睹了军政人员在共产党领导下坚持团结抗日、反对妥协投降的事实,很受鼓舞,最后得出了"国民党政府必败,延安共产党必胜"的结论。回到南洋后,陈嘉庚积极宣传延安精神,使广大侨胞了解到了国民党统治的黑暗,看到了解放区的光明,推动了南洋华侨的抗日爱国运动。

人生箴言

千丈之堤,溃于蚁穴。

　　　　　　　　　　　　　　　　——《韩非子·喻老》。

成长启示

　　长达千丈的大提,由于有小小的蝼蚁洞而崩溃。

弃医从文的鲁迅

从清朝末年到 20 世纪前半叶,我们国家处于水深火热之中。西方列强和日本一直欺负我们国家。中国经济政治都十分落后,老百姓们过着饥寒交迫的日子。在国际上,中国也没有发言权,别的国家的人都看不起中国人。那时候,有人就把中国人叫做"东亚病夫"。有许多的青年人立志要改变中国这样的现状,要让中国人不再是"东亚病夫",而变成"东亚雄狮"。为了实现这个目的,有许多人出国留学,决心学习外国先进的科学技术,回来建设中国。

鲁迅当时决心去日本留学。可是学什么好呢? 经过思考,他决定学医学。因为他认为,我们打不过外国人就是因为我们中国人的身体不好。西方人都比我们高大,比我们健壮,如果学了医,就可以回国帮助大家提高身体的素质,让我们中国人跟外国人一样高大,这样,他们就不敢欺负我们了。

于是,鲁迅去了日本一个叫仙台的县,在那里刻苦地学习医术。有一次,学校组织学生们看新闻。当时没有电视,学校用放映机放了一段日本人在中国杀害中国老百姓的新闻。鲁迅看了很生气,生气日本人在自己国家的霸道。但让他最生气的却不是日本人,而是自己的同胞。他看到,在日本人杀人时,周围围了很多的中国人,他们对于日本人的暴行却没有反应。

鲁迅开始思考了,为什么会这样呢? 这样的人,就算身体强壮又有什么用呢? 这样看来,学医没有什么用了,那么,我应该怎样才能真正地救中国呢？终于，他明白了，中国人缺少的是救国的思想，只有医治好这个病才能救中国。那应该怎样做才能让广大的老百姓有这样的思想呢？鲁迅想到了写文章，通过文章，可以把救国的思想告诉大家，让大家知道。只有老百姓都知道了这个道理，他们才会去努力。

于是，鲁迅弃医从文，把用文学创作来启发百姓作为了自己的理想。在他的一生中，他创作了许许多多启发民智的作品，影响了很多很多的年轻人，引导他们走上了革命的道路，为中国的崛起而努力。

由于他的作品抨击了当时的统治阶级，尤其是国民党，这使他经常身处险境，生命常常受到威胁。同时，为了写出更多更好的文章，他几乎不休息，像挤海绵一样挤出时间来写作。他自己说，我是把别人喝咖啡的时间也用来写作了。20 世纪 30 年代，由于劳累，鲁迅先生身体越来越差，过早地离开了人世。为了理想，鲁迅先生奋斗了终生。在他去世的时候，中国还没有强大起来，但是今天，我们的祖国强大了！这其中也有鲁迅先生的功劳啊！

人生箴言

差之毫厘，缪以千里。

——《礼记·经解》

成长启示

开始的时候相差一毫一厘,以后就会相差上千里。

轮扁的理论

春秋时代,齐国有一位叫做扁的人,他擅长做车轮,因此大家叫他轮扁。他的技术特别好,被请到皇宫里做事。一天,轮扁在一个大殿外面砍削车轮,恰巧齐桓公正在殿堂上读书。齐桓公读书读到妙处,不禁摇头晃脑,口中念念有词,很是得意。轮扁见桓公这样痴迷于其间,感到很是纳闷。后来,他有些忍不住了,就壮着胆子,放下手中的锥子、凿子,走到堂上问齐桓公说:

"请问,大王您所看的书,上面写的都是些什么呀?"

齐桓公回答说:"书上写的是圣人讲的道理。"

轮扁说:"请问大王,这些圣人还活着吗?"

齐桓公说:"他们都死了。"

于是轮扁说:"那么,大王您所读的书,不过是古人留下的糟粕罢了。"

齐桓公很是扫兴。他对轮扁说:"我在这里读书,你一个做车轮的工匠,凭什么瞎议论呢? 你说圣人书上留下的是糟粕,如果你能说出个道理来,我还可以饶了你,如果你说不出道理来,我非杀你不可！"

轮扁不紧不慢地回答齐桓公："我是从自己的职业和经验体会来看待这件事的。就说我砍削车轮这件事吧，速度慢了，车轮就削得光滑但不坚固；动作快了，车轮就削得粗糙而不合规格。只有不快不慢，才能得心应手，制作出质量最好的车轮。由此看来，削车轮也有它的规律。可是，我只能从心里去体会而得到，却难以用言语很清楚明白地讲授给我儿子听，因此我儿子便不能从我这里学到砍削车轮的真正技巧，所以我已经七十岁了，还得凭自己心里的感觉去动手砍削车轮。由此可见，古代圣人心中许多只可意会、不可言传的知识精华已经随着他们死去了，那么大王您今天所能读到的，当然只能是一些古人留下的肤浅粗略的东西了。"

人生箴言

有志不在年高，无志空长百岁。
——石成金《传家宝·俗谚》。

成长启示

有志气的人不在年岁大小，无志气的人虚度终生。

造父学驾车

　　造父是古代的驾车能手,他年轻的时候,向当时很会驾车的泰豆氏学习驾车,造父对老师十分谦恭有礼貌。三年过去了,泰豆氏却什么技术也没教给他,可是造父一点儿也没有怪泰豆氏,仍然恭恭敬敬地对待老师,丝毫不怠。泰豆氏觉得造父是一个可造之才,于是有一天对造父说:

　　"擅长造弓的巧匠,一定要先学会编织簸箕;擅长冶金炼铁的能人,一定要先学会缝接皮袄。你要学驾车的技术,首先要跟我学快步走。如果你走路能像我这样快了,你才可以手执六根缰绳,驾驭六匹马拉的大车。"

　　造父赶紧说:"我保证一切按老师的教导去做。"

　　泰豆氏在地上竖起了一根根的木桩,铺成了一条窄窄的仅可立足的道路。老师首先踩在这些木桩上,来回疾走,快步如飞,从不失足跌下。造父看得眼睛都直了,但是他丝毫没有退却,他照着老师的示范去刻苦练习,仅用了三天时间,就掌握了快步走的全部技巧要领。

　　泰豆氏检查了造父的学习成绩后,不禁赞叹,决定把驾车的技巧全部告诉他:

　　你很聪明,也很灵活,凡是想学习驾车的人都应当像你这样。现在我把驾车的原理都告诉你,你要仔细地听着:从前你走路是得力于脚,同时受着心的支配;现在你要用这个原理去驾车,为了使6匹马走得整齐划一,就必须掌握好缰绳和嚼口,使马走得缓急适度,互相配合,恰到好处。你只有在内心真正领会和掌握了这个原理,同时通过调试适应了马的脾性,才能做到在驾车时进退合乎标准,转弯合乎规矩,即使跑很远的路也尚有余力。真正掌握了驾车技术的人,应当是双手熟练地握紧缰绳,全靠心的指挥,上路后既不用眼睛看,也不用鞭子赶;内心悠闲放松,身体端坐正直,六根缰绳不乱,二十四只马蹄落地不差分毫,进退旋转样样合于节拍,如果驾车达到了这样的境界,车道的宽窄只要能容下车轮和马蹄也就够了,无论道路险峻与平坦,对驾车人来说已经没有什么区别了。这些,就是我的全部驾车技术,你可要好好地记住它!

"虽然我都告诉你了,但是真正掌握它,还是要靠你不断地练习啊。如果你坚持练习,就会成功。"

"是。老师,我一定刻苦学习。"造父认真地说。

后来,造父果然如他自己所说,刻苦学习驾车的技术,终于成为了一名驾车能手。

人生箴言

三军可夺帅也,匹夫不可夺志也。

——《论语·子罕》。

成长启示

一国的军队,可以被夺去主帅;一个普通的百姓,却不可以使他丧失志向。

万金油大王胡文虎

20 世纪 20 年代开始,由著名华侨实业家胡文虎创制的万金油、八卦丹、头痛粉、止痛散和清快水,被称为虎标五大良药,就早已闻名中外,畅销世界,历久不衰。胡文虎在经营中非常注重广告宣传,为了扩大影响,宣传他的药品,还创办起新闻事业,先后办了 15 家报纸,形成星系报业集团。以宣传促销售,因而胡文虎在南洋成为屈指可数的豪富巨商。他巨富不忘爱国,热心兴办公益慈善事业,更为人们所称道。

胡文虎,1884 年出生于缅甸仰光,原籍福建永定县金丰里中川乡,是客家人。他的父亲胡子钦,是名中医,因家里贫穷外出谋生,在 1862 年只身飘洋过海来到仰光,在当地行医。由于他的医术高超,深得缅甸华侨的敬重,因而在仰光站稳了脚跟,还开了间中药铺,取名永安堂,经营中草药,并娶了当地一位潮州籍华侨的女儿为妻,安家立业。胡子钦生有三子:文龙、文虎、文豹。文龙幼时夭逝。文虎十岁那年,胡子钦把他送回家乡永定县读书,十四岁又接回仰光,留在身边学医。1908 年,胡子钦去世了,留下的永安堂中药铺由于经营不善,勉强维持。为了一家的生活,文虎、文豹兄弟二人合计,由文虎去香港办货,文豹在仰光守店经营。由于两人配合得很好,药店经营逐渐有了起色,文虎也重回到仰光。早年胡子钦从家乡来到仰光时,曾从国内带来一种名为"玉树神散"的中草药,这种药不仅能提神解暑,还能止痛止痒,非常灵验。由于南洋一带离赤道较近,太阳光照射时间很长,当地人非常容易中暑、头晕、乏力,且蚊虫多,叮咬后痒不可止。"玉树神散"深受当地居民欢迎。胡文虎就以此药为基础,经过科学改良,终于研制出一种能够医治多种病痛的药油,取名虎标万金油。同时还研制成药丸、药粉、药水,分别起名为八卦丹、头痛粉、止痛散和清快水,称为虎标五大良药。创业初期,万金油要打入市场,畅销各地,与市面上早已风行的同类药品如"至宝丹"、"如意膏"、"如意油"、"佛标二天油"等药品竞争取胜,不是一件容易的事。为此胡文虎在推销万金油时,采用了许多新的招术。首先他根据万金油主要用于应急诊治多种疾病的备用药物特点,从薄利多销、面向大众及携带方便、人人买得起几方面考虑,把原来散装流质、每瓶1元的万金油改为小瓶装,再改为铁盒装、软膏,每盒一角钱。其体积、形状只有纽扣大小,价格又极便宜,因而受到顾客欢迎。然后他又进行了走江湖式的宣传,提着药箱在大街的两旁摆上药品,向路人宣传,并供人免费试用。由于万金油确实有效果,价格又便宜,人们便纷纷购买。另外他还委托仰光市的一些药店代为寄卖,也起到了一定宣传效果。后来,他又采用了费用低却能突破时空限制的广告宣传方法,即印制许多大张的招贴广告,派人各地张贴,他自己也亲自张贴,常常是累得满头大汗。仰光、新加坡、香港、马来西亚等地都可以看到虎标万金油的广告,收到了很好效果,扩大了药品知名度,销售量大大增加。胡文虎把这种艰苦竞争的做法称为"客家精神"。随着虎标万金油销路的打开,胡文虎的收入也日益增加。他还学习西方的商品宣传方法,在城市竖起装有霓虹灯的高大广告牌,在报上大登广告,广泛宣传,以推销产品。1926年,胡文虎把永安堂总行从仰光迁至新加坡,文豹仍然留在仰光继续经营。新加坡是东南亚的交通枢纽,商业繁荣昌盛,居住着很多华人。经过三四年的奋斗,胡氏事业迅猛发展,永安堂除了仰光老行和新加坡总行外,还在祖国各地设立了分行或分销机构,在欧美大城市也设有特约经销部。30 年代中期,永安堂成药经营发展到了鼎盛时期,虎标万金油的年销售量达二百亿盒。新加坡和仰光两地的年营业额达刀币一千余万元。虎标万金油从仰光到整个东南亚和祖国各地,一直打进国际市场。永安堂也随之扩大,改称为虎豹兄弟有限公司。1929 年前后,世界经济萧条,市场很不景气。而虎标万金油的产销量有增无减,没有受到任何影响。胡文虎的资金越来越丰厚,资金积累到了登峰造级时期。真可谓生意兴隆通四海,财源茂盛达五洲。

胡文虎深知广告在企业经营中的重要作用,为了宣传他的万金油,他创办起新闻事业,连续办了 15 家报纸。

1928 年夏天,在新加坡办了第一张报纸《星报》;

1928 年冬天,又在新加坡办起《星洲日报》;

1931 年,在汕头办起《星华日报》;

1935 年,在厦门办起《星光日报》;

1936 年,又在新加坡办起《星中日报》;

同年,在槟榔屿办起《星槟日报》;

1937 年,又在新加坡接办《总汇报》;

1938 年,在香港办起《星岛日报》、《星岛晨报》、《星岛晚报》、《星岛周报》;

1939 年,在香港办起英文《虎报》;

1947年,在福州办起《星闽日报》;

1952年,在泰国办起《星暹日报》;

1937年,在广州办的《星粤日报》(未正式出版)。

15家报纸形成了一个星系报纸企业集团。它不仅为宣传万金油发挥作用,同时也成为广大海外华侨表达爱国热忱的地方。星系报纸还积极宣传抗日爱国,在抗日战争中起了积极作用。通过报纸对万金油的宣传推销,胡文虎的收入又增加了,他的资金比他的一盒万金油不知要大上几千万倍。他被人们称为"万金油大王",在东南亚,成为一位豪富华侨巨商,并以永安堂和星系报纸为两大支柱,兴办各种企业,包括崇侨银行、大众保险公司、自来水公司和电力公司等。

胡文虎的宗旨是:人为本,财为用,取诸社会,用诸社会。他既善于聚财,又乐于散财。因此,胡文虎在成为巨富之后,念念不忘祖国和家乡,做了许多社会公益慈善事业。他给自己做下规定:每年盈利的四分之一(后增加为60%)要拨出用于公益事业。他一生捐献给公益慈善事业的钱不计其数。

胡文虎先在家乡福建永定县中川乡创办了中川小学,使乡里数百户人家的儿童都可以就地接受教育了。1935年,胡文虎回国时,决定捐款350万元,在全国各地兴建1000所小学。到了1937年,卢沟桥事变爆发,全国陷于沉重的国难之中,胡文虎捐款兴建1000所小学的计划,只办了三百多所,就被迫中止了。

胡文虎还捐款给福建厦门大学、福建学院、广州中山大学、广州岭南大学等几十所大学。还捐款帮助汕头、厦门等地的一些中学兴建校舍、建筑礼堂,盖起图书馆、科学馆、体育馆。他还捐款兴

建了四十多所医院、养老院、孤儿院,主要有:

1933 年捐款 40 万元建立南京中央医院;

1933 年捐款 40 万元建立汕头医院和厦门中山医院;

1934 年捐款建立琼崖麻疯病院和广州民众医院;

1935 年捐款 20 万元建立福建省立医院;

他捐款办理收容流浪儿童的有上海儿童教养所、广州儿童新村,还办过上海卫生化验所等。

胡文虎还非常关心祖国的经济建设。30 年代,曾多次捐款,用于云南、湖南勘探锡矿、煤矿,取得了一定成果。

胡文虎还经常捐助路费,帮助那些破产、失业走投无路的华侨,使他们得以回归祖国。

胡文虎热爱祖国,还表现在他坚决维护中华民族尊严。还是在 20 世纪 30 年代初,新加坡的游泳池很少,并且有些游泳池还不准华人入内。胡文虎就把他的一间旧别墅改建成游泳池,装有较好的设备。为了更好地照顾侨胞,还在游泳场的门口挂上牌子,不许非华籍人士入内游泳,很受华侨欢迎。

1954 年,这位万金油大王、著名的华侨实业家胡文虎因心脏病在美国檀香山皇后医院逝世,终年 71 岁。

人生箴言

胜人者力,自胜者强。

——《老子》第三十三章。

成长启示

能够战胜别人是有力量的表现,但能够战胜自己才算是强者。

中华书局的创办者陆费逵

我国近代有一位自学成才的著名出版家、企业家,他就是陆费逵先生。陆费逵一生服务社会近40年,其中在出版界任职38年。他凭着卓越的胆识、才干和魄力创办了中华书局,并经营中华书局30年,长期担任上海书业同业公会主席。

陆费逵,复姓陆费,字伯鸿。1886年生于陕西汉中,原籍浙江桐乡。他从5岁时起,就在家里由母亲教读。九岁进入私塾就读时,已能执笔作文,为一般儿童所不及。13岁起,陆费逵潜心自学,正逢戊戌变法时期,他开始阅读《时务报》、《清议报》,接受维新思想和革命思想。十四岁时,他制定出自学课程,每天都要读古文看新书,并做出读书笔记。15岁至17岁时,他除了在家中自修,还常常到阅书报社读书。之后陆费逵又进入南昌熊氏英文学校附设的日文专修科学习,由于成绩优异,深得日文教师吕星如的器重。

1903年,陆费逵跟随老师吕星如来到武昌,决心干出一番大事业。第二年,在武昌与同学黄镇盘等人集资1500元,创办起昌明书店,被推举为经理兼编辑。从此陆费逵开始走向新闻出版业。昌明书店开业时间不长,由于股东意见不一致,就各奔前程了。陆费逵自办起新学界书店,销售《警世钟》、《猛回头》、《革命军》等进步刊物。他还自己编著了一本《岳武穆传》,以此来抒发爱国思想,并积极参加当时的革命活动。1905年,陆费逵加入了革命组织日知会,并起草了日知会章程,担任日知会评议员。后来他看到某些党人之间互相出卖,感到非常失望。他痛感到一个人如果没有学问和修养就不能成就事业,社会离开教育和风纪就不能够有所发展,于是他更加努力自修,努力工作,并积极赞助革命。后来,陆费逵与张汉杰、冯特民共同接办了汉口《楚报》,出任主笔,写出不少抨击时弊的评论。到年底,《楚报》被查封,张汉杰被捕,陆费逵遭通缉逃到上海,就任昌明书店上海支店经理兼编辑。

上海书业商会成立时,陆费逵作为发起人之一,被选为评议员。期间,他与丁福保共同编写了《文明国文教科书》、《文明修身教科书》、《文明算术教科书》等,后因书局资金短缺,没有出全。他还撰写了提倡文字改革的文章,主张小学课本要多采用些注音字母,适量适时夹些汉字,而在汉字之旁,仍标注出字母便于记忆。到了中学后,要在小学没有学到的生字旁标注出字母,以便学生朗读学习。1906年,陆费逵到文明书店任职员,期间常和代表商务印书馆的高梦旦一起出席上海书业商会会议,由于他不仅熟悉印刷、发行业务,而且能够操笔编书,是个非常难得的人才,被高梦旦以重金邀请到商务印书馆任职,开始任编辑,后改任出版部长、《教育杂志》主任及讲习部主任。他主编《教育杂志》,对前清学制多有抨击,并发表自己的观点与见解,主张要顺应时代潮流,大力改革学制。在主持师范讲习社时，共发行讲义十二种，编著的讲义有《最新商业修身讲义》《伦理学讲义》及《学校管理讲义》等。

辛亥革命前夕，商务印书馆的教科书因内容较为陈旧而滞销。商务印书馆中一些有眼光的编辑建议预编一套适应形势的教科书，以备革命成功后使用。但由于商务领导怕担风险，终未采纳。但陆费逵深信革命定会成功，教科书一定要进行大改革。于是他在暗地里和同事沈知方、戴克敦、陈协恭等人聚在家里，秘密编辑为民国准备的教科书。

辛亥革命成功后，陆费逵、沈知方等脱离商务印书馆，于1912年1月1日，中华民国宣告成立之日宣布创立中华书局，新编教科书同时发行，由此可见陆费逵的胆识和魄力。中华书局由陆费逵任总经理，沈知方任副总经理。陆费逵在起草的《中华书局宣言书》中阐明了其宗旨"国立根本，在乎教育，教育根本，实在教科书，教育不革命，国基终无由巩固，教科书不革命，教育目的终不能达到也。"中华书局出版发行的以五色国旗为封面的《中华小学教科书》《中华中学教科书》，因其内容能够适应当时实际需要而畅销各地，使得商务印书馆措手不及，一度陷于被动。数年间，中华书局因教科书行销甚广，营业旺盛。到了1916年6月，中华书局的资本总额已增至160万元，分局增至40余处，遍布在福州、成都、昆明等地，印刷所拥有大小机器数百台，职工千余人，成为当时国内仅次于商务的第二家大书局。

1917年6月，由于中华书局扩充太快，大量资金投入基本建设，一时周转不开，陷入困境。这时很多方面都有人热情邀请陆费逵共事，均被陆费逵婉言谢绝。他抱定决心，一定要善始善终把中华书局办好。从 1919 年到 1921 年，经过三年的整顿，中华书局业务又重新获得发展。先后创办了《解放与改造》、《中华英文周报》和《中华书局月报》，出版了《新教育国语教科书》，编印了《新文化丛书》等。在此基础上，1922 年到 1926 年，又进一步创办了《心理》、《学衡》、《国语》、《少年中国》和《小朋友》、《小朋友画报》等杂志，刊印了《少年中国学会丛书》、《儿童文学丛书》。同时，中华还增设了十几家分局，资本增至 200 万元。1927 年，又增设了香港分局。在此之后，陆费逵大力扩展中华书局的事业，兴办了中华教育用具制造厂，生产教学仪器等设备，并推举南京政府实业部长孔祥熙为董事长，借其势力，扩充印刷厂，大规模承印南京政府有价证券和小额钞票，获利巨增。1934 年中华书局又在香港九龙新建一座设备非常先进的印刷厂，主要承印南京政府发行的钞票和债券。1935 年又在上海澳门路建成新的印刷厂和编辑所，创办保安实业股份有限公司，专门生产橡皮船、防毒面具和桅灯等国防用品。这一年，陆费逵继孔祥熙之后，担任了中华书局董事长。1937年，中华书局资本已扩充到 400 万元，年营业额约千万元，各地分局共有 40 余所，上海、香港两厂职工有 3000 余人，彩印业务居全国首位，是中华书局的全盛时期。陆费逵声誉也与日俱增，成为全国出版界巨擘。他历任上海书业同业公会主席，还兼任实业部新闻造纸厂筹备委员、中华工业总联合会委员、中法大药房董事等职。

1931 年"九一八"事变后，陆费逵深深感到民族危机日益深重，针对某些人散布的和平幻想，在 1933 年 1 月《新中华》杂志创刊号上发表《备战》一文，呼吁"一致对外""长期抗战"，"将整个的财力、人力，准备作战"。接着，他又撰写了一篇《东三省热河早为我国领土考》文章,痛斥日本军国主义的侵略罪行,表现出他的爱国精神和民族责任感。1937 年全面抗战爆发,陆费逵为中华书局认购救国捐 5 万元,以支持抗战。

陆费逵把一生精力都投入到出版事业和教育事业。据不完全统计,中华书局在陆费逵主持的三十年间,共出版各类图书约 6000种。其中,各种教科书 400 余种。社会科学书籍近 2000 种,自然科学书籍 600 余种,文学艺术书籍 1000 余种,重要古籍 600 余种,各种工具书 30 种,少年儿童读物 800 余种;此外,还编辑出版了近 20种杂志,在我国近代文化史和出版史上占有重要地位。

中华书局以出版发行教科书起家,后来一直把出版发行教科书作为自己主要的业务之一,对促进教育事业的发展、普及科学文化知识,起到了积极作用。这是和陆费逵一生热爱教育事业分不开的。陆费逵对待出版事业严肃认真,中华出版的教科书内容健康,对读者和社会有益,而且质量有保证,从不以粗制滥造来降低成本从中获利。中华书局特别注意出版少年儿童读物,其中以1922 年创刊的《小朋友》内容最为丰富,最受欢迎,最有影响,历时最久。

中华书局出版物中社会科学和文学艺术书籍占有相当大的比重,对于"五四"以前新文化与旧文化的斗争,"五四"以后反帝反封建的新民主主义文化事业,乃至抗日统一战线的文化事业都起了有益的作用。

中华书局在校印和影印古籍以及编辑出版各种工具书方面,颇有成绩。如影印的《古今图书集成》共 1 万卷,目录 40 卷,5020册,被陆费逵称为"洋洋大观之中国百科全书"。出版的工具书有

《中华大字典》《实用大字典》《辞海》《外交大辞典》《经济学大辞典》《中外地名辞典》等,在当时非常具有使用价值,有些至今仍在使用。

中华书局的机构是比较健全的,在总公司统一管理下,设有编辑、事务、营业、印刷4个所,有藏书60万册的图书馆,开办有中华书局函授学校,在全国各地及香港、新加坡设分局40余处,拥有在东亚地区都首屈一指的印刷设备和技术条件。特别是在中华书局创办和发展过程中,聘请、锻炼和培养了一大批相当出色的经营管理人才和编辑业务人才。

陆费逵于1942年7月突然病逝,终年56岁。但陆费逵和他创办的中华书局功绩永存。

☀ 人生箴言

> 非淡泊无以明志,非宁静无以致运。
>
> ——诸葛亮《诫子书》。

🕊 成长启示

不恬淡寡欲就不能确立远大的志向,不排除杂念就无法深谋远虑。

中国化学工业的奠基人

谈及化学,离不开酸、碱、盐;讲化学工业,则不能忘记范旭东。他创办了中国第一个精盐厂、第一个纯碱厂、第一个硫酸铵厂,为中国化学工业作出了卓越贡献。他不愧是中国化学工业的开拓者和奠基人。

范旭东,原名范源让,字明俊,1883 年 10 月 25 日出生于长沙东乡,原籍湖南湘阳人。

1894 年甲午战争后,力图变法、振兴中华之风盛行。范旭东受新思潮的影响,经常到长沙新党所办的求贤书院看报读书,谈论时事,探索中国自强之道。范旭东 17 岁那年,随他的哥哥范源濂东渡日本。在日本,范旭东亲眼看到日本各项事业蒸蒸日上,国势强盛,而清朝政府腐败无能,使祖国任列强欺凌,国弱民穷,就立志要科学救国、振兴中华。1908 年,范旭东从日本冈山第六高等学校毕业,考入西京帝国大学化学系。1911 年辛亥革命爆发,清王朝灭亡,范旭东回到祖国,有志兴办中国的化学工业。正巧,已担任北洋政府教育总长的范源濂为他争取到一次去欧洲考察盐政的机会。通过这次考察,更坚定了他要科学救国、发展中国化学工业的信念。同时也使他清楚地认识到:在中国必须自己能制造出标准的精盐,改良盐的质量,抵制进口精盐,以挽回利权。中国还必须自己能利用盐制纯碱,抵制洋碱进口,来保证中国化学工业的发展。为了实现理想,范旭东走上一条坎坷、曲折、艰难的道路。

1913 年范旭东只身来到渤海之滨盛产海盐的塘沽,各处察看。塘沽不仅有丰富的盐产,而且有便利的海陆交通,它的不远处唐山盛产煤炭。范旭东认定塘沽是天赋的以盐为主要原料的化学工业基地。回到北京后,范旭东呈请北洋政府财政部盐务署,在塘沽创办精盐工厂及试制盐的副产品,被获准立案。经过招募基金、购置土地、兴建厂房、安装设备等筹备工作后,1914 年 12 月工厂正式投产。就这样,范旭东在塘沽创办了中国第一个精盐厂——久大精盐厂,为中国的近现代化学工业奠定了第一块基石。

久大精盐厂生产出的精盐品质纯净、色泽洁白,深受欢迎,取得了中国历史上改良食盐质量的空前成功。但也触动了封建盐商的利益,从而在运销上受到盐商的极大抵制,使"久大"的生存和发展受到严重威胁。范旭东不畏困难,奋力筹划经营,努力创业,终于扭转了局面。久大精盐厂在长江流域的湘、鄂、皖、赣四省取得了五个口岸的销售权,使北盐南下。久大精盐的产量也逐年增加,到 1919 年时,每年产量可高达 6.25 万吨,根基日益稳固。

1922 年,范旭东为了维护国家利益,团结当地盐商,共同组织成立了永裕盐业公司,以 300 万元巨资承受了政府收回日本在青岛的全部盐产。1936 年,范旭东把久大精盐公司改为久大盐业公司,扩大了经营范围,还在江苏大浦建立起盐厂。1937 年"七七"事变后,大浦盐厂和塘沽久大盐厂先后迁入四川,建厂制盐。

自 1900 年八国联军侵华战争以后,英商卜内门公司的洋碱开始倾销中国。当时,中国工业相当落后,老百姓只能食用天然土碱。这种土碱杂质很多,不仅严重影响人民的身体健康,而且也不能当做工业原料。而洋碱是采用化学方法生产出来的,其碳酸钠含量高达99%以上,杂质极少,质量大大超过土碱,且价格低廉,不论工业用还是民用都很受欢迎,在中国几乎独霸市场。范旭东早在欧洲考察的时候,就深感一个国家如果没有制碱工业,就谈不到化学工业的发展。为了改变洋碱充斥市场的状况,发展中国的化学工业,范旭东在创办精盐工厂的基础上,开始了变盐为碱的苦斗。

1917年范旭东开始筹划在塘沽兴建纯碱工厂。正巧,上海陈调甫、吴次伯、王小徐三人也为了准备筹建制碱工厂来到塘沽考察,并特地慕名拜望了范旭东。陈调甫毕业于苏州东吴大学化学系,曾试制过纯碱。王小徐是留英学生,研究数学、电工、机械。陈调甫和王小徐两人住在范旭东家里。三人共同进行当时世界上最先进的苏尔维法制碱试验,这在中国尚属首次。试验很成功,制出了纯碱,这更坚定了他们在塘沽建碱厂的信心。接下来进行招募股金工作。由于范旭东创办久大精盐厂取得了有目共睹的成绩,他在社会享有很高声望。当他创办碱厂时,久大的股东、久大各地代销商、银行家、官僚政客等纷纷投资。其中久大精盐厂是碱厂的最大股东,金城银行也是碱厂的重要经济支柱。1920年,碱厂定名为"永利制碱公司",设厂址于塘沽,资本总额定为银洋40万元。同时,农商部还批准公司享有特许工业用盐免税三十年。凡在塘沽周围百里以内,他人不得再设碱厂,并规定公司股东必须是中国国籍者。

1918年,范旭东派陈调甫到美国学习制碱技术,考察制碱工业以及寻找设计部门、订购设备等。陈调甫到了美国后,首先拜访了纽约华昌贸易公司的总经理李国钦。李国钦是湖南人,是美国经营矿业的巨商,虽入美国籍,但很富有爱国心。他介绍了得力的技术人员,如美国人孟德为永利顾问工程师。孟德又介绍了美国制碱专家 G·T·Lee 到塘沽协助建厂。永利碱厂是由美国专家在美国主持设计的,其中参加设计工作的还有很多中国留学生,其中有后来誉满全球的中国制碱专家侯德榜。侯德榜在美国哥伦比亚大学专攻制革,获化学工程博士学位。他们钦佩范旭东在中国兴办制碱工业的胆量和气魄,也加入到改变中国制碱工业落后面貌、发展中国化学工业的行列中。

1919 年,塘沽永利碱厂破土动工。陈调甫、侯德榜陆续回国。机器设备也陆续运到塘沽,投入安装。1921 年请美国专家 G·T·Lee 前来塘沽,指导管道安装工作。一年后安装完毕。1924 年永利碱厂正式开工生产了。令人失望的是所产纯碱质量不合格,红黑两色间杂,且主要设备四口干燥锅又被烧毁,工厂只好停工。范旭东并没有就此罢休,他再次派侯德榜去美国,率领技术人员进一步考察制碱技术,寻找失败原因。美国专家 G·T·Lee 也深深为范旭东百折不挠的创业精神所感动,又续约三年,继续留了下来,帮助永利解决技术问题,最终找到了失败的主要原因是从美国购进的干燥锅质量低劣所致。技术上关键问题找到了,范旭东派 G·T·Lee 回美国与侯德榜合作,重新购置回先进的圆筒形干燥锅,并改进和改造了相应设备。1926 年 6 月 29 日这一天,永利制碱厂终于生产出了纯净洁白、质量极佳、碳酸钠含量达 99% 以上的纯碱,从此打破了英商卜内门以优质纯碱独霸市场的局面。永利的成功使中国成为亚洲第一个使用苏尔维法制碱的国家。永利碱厂的事业蒸蒸日上。永利制碱厂第二次开工仅两个月,生产出的纯碱在美国费城召开的万国博览会上就荣获了金质奖,为祖国赢得了荣誉。从此,中国纯碱进入国际市场,使得各先进国家刮目相看,连英商卜内门公司也甘拜下风。永利纯碱在中国市场占销售量的51%,从此,洋碱霸占中国市场的时代一去不复返了。到1930年,永利纯碱的产量和质量都有了显著提高,而且增加了烧碱的生产。至此,中国有了自己比较完善的制碱工业。

随着中国"化学工业之母"的强壮,范旭东又开始实现创办硫酸铵厂,生产农业化学肥料,为中国奠定酸、碱、盐三位一体的基本化学工业的远大目标。他说服国民政府实业部把创办硫酸铵厂的艰苦创业重任交给他,打破了英商卜内门垄断集团企业全面垄断广大中国农村化肥市场的美梦。

1935年,中国第一硫酸铵厂开始筹建,厂址设在南京。范旭东吸取了创办永利碱厂的经验教训,在承办硫酸铵厂时,重点突破两大难关:一是全面设计,二是资金的来源。范旭东派永利碱厂总工程师侯德榜先赴美国主持设计工作并购买机器,后又派三位工程师赴美国协助侯德榜工作并进行实习。为了筹集资金,兴建硫酸铵厂,范旭东全面调整了永利碱厂的资金。1934年,成立了永利化学工业公司,管理塘沽永利碱厂和南京永利硫酸铵厂,新增添资本350万元,其中新认股200万元。永利化学工业公司还以发行公司债券方式,筹集资金550万元,还向银行团借款110万元,先后共筹集资金1000多万元,用于兴建硫酸铵厂。

1936年底,南京硫酸铵厂全部竣工并投产。至此,范旭东的兴办基本化学工业,必须同时创办制碱制酸工厂的设想变成了现实。南京硫酸铵厂规模宏大,设备先进,能制造出各种无机酸,制造农肥和军工物品,为农业生产和国防建设提供了新资源。

这里,特别值得一提的是,在南京硫酸铵厂的兴建过程中,陈调甫、侯德榜这两位有识之士,满怀爱国热情,倾注了不少心血,为建立我国的基本化学工业作出了贡献。侯德榜等人在美国进行设计和购置机器时,住的是最简易的旅馆,吃的是最大众的饭菜,过着极为俭朴的生活,受到全厂职工的崇敬。为了节约资金,凡在国内能制造的设备,绝不在国外购买。这样,在全厂职工共同努力下,一个计划年产硫酸铵5万吨的大厂,在仅仅20个月的时间内建成投产了,创出了世界制酸工业建厂速度的新纪录,也是中国工业史上的创举。

范旭东认为:要发展工业必须使科学研究先行。基于这种认识,早在他创办久大精盐厂时,就成立了一个化验室,专门研究解决生产中的技术问题,促进企业发展。1922年,他又在久大化验室基础上,建立起黄海化学工业研究社,成为国内第一个私人创办的科学研究机构。可见,范旭东是位具有远见卓识的企业家和科学家。在短短几年中,"黄海"的研究人员经过实践写出了不少有价值的论文,并为永利、久大输送培养了不少技术骨干,引起学术界、教育界的重视和支持。范旭东为了全力办好"黄海",还把永利、久大发给他的创办人酬劳全部捐赠"黄海"。

久大、永利、黄海三大事业不断发展壮大。1928年,范旭东还创办了"永、久、黄"团体的内部刊物《海王》旬刊,起到"互通消息,联络感情"的目的,并为"永、久、黄"团体积累了不少历史资料。

1937年抗日战争的爆发,给"永、久、黄"以毁灭性的打击。日本军方还企图通过合作,把南京硫酸铵厂变为日军军工厂,范旭东断然拒绝,并表示"宁肯举丧,不收奠仪"。日寇一怒之下,连派三次飞机轰炸该厂。范旭东悲愤万分,决定抗战到底。"永、久、黄"西迁到了四川西部,重建厂房。范旭东在华西又开辟了新的化工基地。

范旭东从1913年到塘沽盐滩艰辛创业,到1945年日本投降,坎坷30多年,呕心沥血,终于为中国的化学工业打开了崭新的局面,奠定了发展的基础。他还为进一步发展中国化学工业制定了一个宏伟的"十厂计划",准备新建、重建、扩建有机化学、无机化学、农肥、陶瓷、玻璃等十大工厂。为了解决资金问题,范旭东在1945年5月在美国与华盛顿进出口银行商妥1600万美元的信用贷款,但国民党政府拒绝为这项贷款做担保。面对国民党政府如此扼杀民族工业的卑劣行径,范旭东气愤填膺。不久,范旭东病倒了。1945年10月4日他在重庆逝世,终年62岁。

范旭东壮志未酬,含恨离开人间。他那毕生为兴办中国民族化学工业的不朽功绩永远为人们所怀念。

人生箴言

> 志之难也,不在胜人,在自胜。
>
> ——《韩非子·喻老》

成长启示

志气的最难之处,不在于超过别人,而在于战胜自己。

以身殉国的项松茂

著名实业家项松茂先生,不仅是我国近代民族医药行业的先驱,而且是一位杰出的爱国人士,在生死关头保持中华民族气节,抗争对敌,英勇不屈,以身殉国。他是中国近代企业家的好榜样,他的动人事迹将为人们永远传颂。

项松茂,1880 年出生于浙江鄞县的一个小商人家庭。他幼时跟随父亲读书,后进入私塾。1894 年,年仅 14 岁的项松茂进入苏州的一家皮毛骨行当学徒。三年后,项松茂转入上海中英药房任会计。以办事认真,工作踏实细致,富有责任心著称。1904 年,他被派往武汉汉口开创中英药房分店并任经理,他独挡一面,规划经营,信誉卓著,业务日益发达。1909 年,武汉商会成立时,项松茂被推举为商会董事。

项松茂的才能被商务印书馆的创办人之一夏瑞芳所推重。1910 年,项松茂应夏瑞芳之聘,到上海任五洲大药房经理。五洲大药房是夏瑞芳和中法药房经理黄楚九筹资创办的,开设于 1907 年。项松茂接手时,该药房资本不过万元,店面仅有数间,流动资本更是短缺。针对该药房的具体情况,项松茂从以下两个方面进行了整顿:一是奉行勤俭原则,把店中豪华陈设全部变卖,所得钱财用作流动资金,使这一部分资金始终保持在 1 万 5 千两左右;还聘请了一位钱庄跑街任五洲大药房的副经理,利用其有利条件为"五洲"筹措资金。二是把握用资方向,设立了制药车间,增添了制药人员,并推出"人造自来血"、"海波药"等深受消费者欢迎的新药,使五洲大药房自制的成药品种增加。

西药输入我国,始于1881年,最初仅限于家用成药,并由英商大英药房经销。到了清光绪中叶,大英药房的华籍职员顾松泉,见西药业获利丰厚,就脱离了大英药房,自己开设了一家中西大药房。这是中国人自己开办的第一家西药房。它以转售外国生产的西药为业,本身并不制造药品。1891年,医师出身的黄楚九开设了一家中法药房,以推销他自己制造的家用药品为主要业务,这是开国人自制西药之先声。辛亥革命以后,大批攻读西医的留学生纷纷回国,开设了许多新式医院,从此西药销路大为畅通。项松茂出任"五洲"经理正是处在这个时候,加上他经营得法,使五洲大药房的面貌焕然一新。仅三年的时间,药房的营业额就大为增加。

当时,一方面国内西药市场不断扩大,另一方面国外输入西药日益增多。项松茂认为,必须发展民族制药工业,与外商抗争,挽回利权。于是,项松茂向夏瑞芳和黄楚九提议把五洲大药房改组为股份有限公司,扩大经营规模。1915年,五洲大药房股份有限公司正式成立,认交资金5万两,实收4万两,总经理仍由项松茂担任。

1914年第一次世界大战的爆发和1919年"五四"运动的兴起,给中国民族工商业以有利的发展机会,西药业也不例外。大战期间,欧美列强忙于战争,在欧洲大陆厮拼,欧美各国西药的输出急剧下降,引起西药供不应求,促使国产西药业的勃起。日本制造的西药也因我国连续不断的反日爱国运动,受到抵制,销路锐减。这为五洲大药房的大发展创造了极为有利的条件。项松茂抓住这一时机,进一步扩大五洲的营业规模。在生产方面,大量推出鱼肝油精丸(补肺滋养)、代参膏(健胃益肺)、肥儿疳积糖(驱蛔虫)、麦液止咳露和止咳杏仁露(均润肺化痰)等自制的成药;在销售方面,接受了不少著名厂家的产品代销业务。到1921年,项松茂主持的五洲大药房资本达到50万两。五洲拥有较雄厚的经济实力,为继续开拓事业创造了条件。

在此期间,项松茂还忙于筹建药厂。正好有华商张云江肥皂厂因经营不善打算作价出让。项松茂考虑到药、皂相近,均属日用化学工业,且察看到该厂厂房机器现成,比自行购置可收到事半功倍的效果,就与该厂洽谈,并以极为优惠的条件低价买下。

张云江肥皂厂在国内日用化学工业中很有名气。项松茂在买下肥皂厂之后,考虑到该厂生产的固本肥皂信誉不错,就把厂名改为"五洲固本厂",从事制皂、制药生产。五洲固本厂是项松茂创办日用化工事业的核心。他亲自担任厂长,直接主持工厂的一切经营管理事宜,并以该厂为主要阵地,一手抓药,一手抓皂,很快把五洲大药房推向了一个全面发展的时期。

五洲大药房是产销联营的生产经营型企业。项松茂原是经销行家,很懂得把握好生产与经营关系的重要,因此,他在为"五洲"制定生产战略时,根据皂、药产品的不同市场条件,分别制定了比较合理的营销方针。

在制药方面,项松茂以开发新产品,创造自己的特色为方针。"五洲"在研制新药物时,非常注意从中国用药者的身体素质和服用习惯出发,多方参照中医药药理及制作工艺,无论是中药西制、还是西药中制,都力图使之具有中国特色。前者如酊剂软膏,就是用一般中草药采用西式工艺制成的。后者如一些滋补品,则将各式蛋白质、维生素等营养成分,按照中药工艺,以膏、酒形式制成。这些药品具有进口西药所不能取代的功能,因此,不仅畅销全国,而且还远销海外,受到广大华侨的欢迎。

在制皂方面,项松茂的方针是以提高原有产品的质量为主,与英商办的中国肥皂公司竞争。英商中国肥皂公司在上海杨树浦区设有远东最大的制皂工厂。其产品"祥茂肥皂"价廉物美。为了与其竞争,项松茂重金礼聘专家如徐佩璜、叶汉丞等工程技术人员,又派人打入洋商皂厂学到关键性操作技术,改进制皂工艺设备,提高生产技术,千方百计提高产品质量,最后终于生产出坚实、颜色纯一、不缩不变、去垢力强、不损衣料,质量优良的产品,胜过英商产品。项松茂还利用厂内制造医疗卫生药品的有利条件,在生产一般家用洗衣皂外,还生产出了"透明药皂"、"硼酸浴皂"等各种卫生皂。在项松茂的精心管理下,五洲固本厂的规模不断扩大。除了大量添置新式设备外,还先后收买了中华兴记香皂厂和南洋木塞厂充实制皂、制药力量。到1937年时,五洲固本厂生产的成药及制药原料有200余种,年产值为约300余万元,其中仅人造自来血一项年产量就接近8万公升。皂类的年产量为70余万箱,年产值450余万元,品种有20多种。

为了打开销路,拓宽市场,项松茂在产品推销方面主要采取了以下措施:其一,在国内外广泛建立销售网点。1931年,五洲大药房的分店有17处,分布于上海、南京、北平、天津、济南、汉口、成都、广州等大城市,联号企业有55家。在国外,项松茂除将一部分外销药品交给进出口商经销外,还直接与国外二十多家商号建立委托代销业务,有力地保证了"五洲"药品在海外的销售。其二,与各大医院和开业医师建立业务联系,使其尽量采用五洲药物,并且用资金和药品资助伯特利医院和福幼医院的建立。他还编印了《卫生指南》,请医师撰写文章,普及医药常识,推广介绍五洲各种药品,并以此作为与医务界联系的渠道。1924年,英商中国肥皂公司企图挤垮上海的民族肥皂工业,独占市场,在上海地区发动了一场强大的竞销攻势。中国肥皂公司从推销者、经销者、消费者三方面入手,展开了一场立体攻势。项松茂根据当时市场形势的变化,发起了一场凌厉的竞销反击战。其核心措施是,联络三十多家商号,成立一家专门推销固本皂的大成公司。由于项松茂的组织有力、条件优惠,大成公司及其他零售商店都乐于为之推销。因此,在当年刚刚问世不久的五洲固本皂不但没有被英商挤垮,反而销量大大增加。1925年,英帝国主义制造了"五卅惨案",上海掀起了罢工、罢市、罢课热潮,民众自觉抵制英货和日货,更使五洲皂药产品销路激增,固本皂日产量达500余箱,仍供不应求,终于战胜了"祥茂皂"。通过这次竞争,五洲固本皂终于在国内肥皂市场上赢得了一席之地。

到1931年底,国内日用化学工业中,"五洲"的皂、药两大产品在生产和销售两方面均占了举足轻重的地位。五洲大药房已经成为一家拥有150万资本、764万元营业额和23万元纯利润的大型企业。它的工厂占地面积30亩,职工500余人,拥有比较先进的生产线;销售分店和联号遍布全国,代销店远至南洋、北美;它的产品达百余种,价值近千万元,驰名全国,饮誉海外。

项松茂还非常关心社会公益事业,热心救济慈善事宜。他自奉俭朴,赞助捐输约 20 万元巨资。1930 年不少地方发生水灾,项松茂倡议从五洲一周门市营业收入总数中提出 10% 充作赈灾之用,为人所称道。项松茂历任上海公共租界华人纳税会理事、上海市商会议董、中国工商管理协会专门委员、华商皂业公会主任委员、中国红十字会特别委员等职。

项松茂在经营中还十分重视人才的培养,重视职工业务教育。他规定:西药业人员必须参加业余英语学习,对药品的中英文名称、包装、剂量、价目等有关知识,举行定期考核。他对专业人才颇为重视,让他们担任重要部门工作,并派出去留学、考察。项松茂这些苦心规划和卓识远见,在五洲日后发展中起到了重要作用。

正当项松茂为“五洲”事业大发展筹措的时候,1932 年,日本帝国主义发动了对上海的进攻,淞沪地区成为战场。为了接济前方急需的军需药品,项松茂命令工厂继续开工,照常生产。不料,“一·二八”事变次日,日军闯入邻近战区的五洲药房的第二支店,抓走了 11 名店员。1 月 30 日下午,项松茂为营救店员,冒着生命危险赶到第二支店,不料被日本便衣特务劫往江湾日本海军陆战队司令部。次日晨,这位年仅 52 岁的中国近代民族西药业的巨子惨遭杀害。

项松茂的爱国精神,将常留人间,激励后人。人民将永远记住这位为争取民族独立自由而英勇殉难的爱国实业家。

人生箴言

所克者己,而克之者又一己,以己克己,谓之自胜,自胜之谓强。
　　——梁启超《饮冰室合集》专集之四《新民说·认自由》

成长启示

> 所要克服的对象是自己,而克服这个对象的也是自己,以自己克服自己,叫做"自胜",自己战胜自己才是真正的强者。

棉纺业巨子穆藕初

穆藕初是中国近代系统接受过西方管理科学教育的实业家。他在七年间曾以几百万元的资本创办了几所纱厂和纺织用品有限公司、纱布交易所,成为棉纺业巨子。

穆藕初,名湘玥,1876 年出生。祖籍苏州洞庭东山,后迁居上海杨思乡。祖先世代以种植业为生。19 世纪 50 年代初,穆藕初的父亲穆琢菴在上海开办了穆公正花行,经营棉花生意,收入非常丰厚。穆藕初自幼就送入私塾读书。13 岁那年,由于印棉、洋纱倾销,上海棉纺手工业受到严重打击,穆公正花行破产,家中生活困难。穆藕初失了学,到另一家花行当了学徒。几年艰难辛酸的学徒生活把穆藕初磨炼得坚强起来。17 岁时,父亲病故,从此,他和哥哥穆恕再共同奉养母亲,相依为命。

1894 年中日甲午战争爆发。不久,清朝彻底失败,被迫同日本订立了丧权辱国的《马关条约》，给中国造成了极为严重的危害，中国的经济更受制于帝国主义。于是穆藕初萌发了求西学"与他国竞争"的想法。1897年他获得上夜馆学英文的机会，在那里半工半读，经过三年刻苦学习，以优异成绩考入江海关。江海关的六年生活，使穆藕初开阔了眼界，阅读到大量书籍，从中广泛接触了西方的民主思想、经济思想。1903年后，他开始投身社会改良运动。当他目睹到祖国贫穷的面貌，深深感到要救中国必须兴办实业，而兴办实业必须有真才实学。于是，1910年夏，穆藕初在友人的资助下，远渡重洋，去美国留学，寻求拯救祖国的方法。

穆藕初来到旧金山后，当他第一次看到"电机一动，蓦然腾空"的电梯和按钮一触自行卷合的窗帘时，不禁深深地为西方人科学技术之发达、研究之精深所触动，相比之下，祖国是何等落后啊。这更加激发了他学习科学技术的决心。他先以特科生资格进入威斯康辛大学，发愤读书，一年后以优异成绩考取正科生学籍，并获得江苏省官费待遇。以后，他又先后就读于伊利诺斯大学和得克萨斯农工专修学校，专攻农科，还兼修了制皂、纺织两个专业。在此期间，他不仅致力于各科理论学习，还利用假期到农村、工厂实地考察，掌握了第一手资料。在美国的农场、工厂大多都有图书室，在那里穆藕初阅读到大量的实业参考书籍，为他日后在祖国兴办实业奠定了坚实的基础。特别是在美国留学时，穆藕初对刚刚出版的《学理的管理法》（今译为泰罗著《科学管理法原理》）一书，进行了研究，还多次登门求教与泰罗共同探讨，比较系统地掌握了这套理论。他深深感到美国的经济、技术之所以如此兴旺发达，靠的就是这些专家、学者研究指导。在美国的最后一个暑假，穆藕初在得克萨斯州著名的农业托拉斯塔夫脱农场,进行了关于企业管理体制的专题调查,并写出了《游美国塔夫脱农场记》。文中就中美企业管理状况作了比较研究,指出中国企业"管理无方术"是导致生产力低落的原因之一。他总结出美国当时企业的管理的七大优点:①讲究严密的计划,力求投资、建设"无虚耗";②讲求科学用人,各主要部门的负责人员都是专科毕业的人才;③工作权限分明互不越权,各部门都能各负其责;④分配上采取奖勤罚懒、赏罚分明的方式;⑤企业内部各部门之间经济往来都作经济核算,核算标准以市价为准,市场经济意识浓厚;⑥工作中统计资料齐全,记录清晰;⑦设施完备。同时也列举出我国企业管理中存在的三个弊病:①进行企业经营管理者的人选时,往往忽视此人是不是有经营经验,是不是有事业心,学识水平是不是很高等因素,从而导致经营者与企业利益完全脱节;②讲究排场,爱慕虚荣。企业用人注重私人关系,岗位设置不合理,闲散人员较多;③企业工头多欺压工人,克扣薪金,谋求个人利益,造成工人不满,工作效率低,产品成本高,严重影响企业利益。穆藕初的比较分析,一针见血地揭示出封建遗毒是如何损蚀我国企业机体,阻碍民族企业发展的。1914年,穆藕初完成了学业,获得得克萨斯农工专科学校农学硕士,回到祖国,投身祖国实业建设。

穆藕初回国时,正逢第一次世界大战爆发,西方列强无暇东顾,给我国民族工业带来了发展机会,民族工业发展进入了黄金时代。穆藕初和此时已任上海华界警察长的哥哥穆恕再一起共谋兴办实业,并开始筹集资本。由于穆氏兄弟自身没有资本,筹集资本困难较大。兄弟二人不灰心,经过一番努力,终于筹到 20 万元资金,盘买了杨树浦兰路(今兰州路)的一家濒临破产的纱厂。穆藕初担任该厂总经理兼工程师,并把厂名定为德大纱厂。穆藕初结合该企业的状况,运用所学的企业管理理论,对企业实施了一系列管理改革措施,终于使这家资力薄弱、规模很小的工厂,生产出了不仅超过一般华商纱厂,而且胜过了英、日的产品,迅速居于"上海各纱厂之冠"。1916年,北京商品陈列所举办的产品质量比赛大会上,德大生产的宝塔牌棉纱排在第一位。穆藕初采取的改革措施主要有四方面:

1. 改革华商纱厂"一切工作都由工头支配,工作效率极低"的做法,亲自以工程师身份指挥生产;任用学有专长、有实际经验的人员为各部门生产管理负责人,不任人唯亲;注重培养技术骨干力量。

2. 改革过去华商纱厂无稽核调查和统计分析报告的粗放式管理方式,编制出各车间的生产统计表、技术设备运行、维修状况表及原料消耗、成品和成本统计表等,这在国内均尚属首创。

3. 把机器部件的名称、技术术语、词汇改编成通俗易懂的名词,以便于工人理解、掌握,提高工人工作效率。

4. 不断改进生产工艺,博取众长,制订出新的生产工艺,从而使生产出的产品质量与其他纱厂相比略高一筹。

由于采取以上切实可行的措施,德大纱厂成功了,穆藕初由此名声大振。他深深感到欧美日本诸先进国家事业之所以发达,依赖于有大的集团组织。于是,穆藕初计划以股份有限公司的形式组织大规模的新型工厂。1916年6月,新组建的厚生纱厂建成投产,它在规模上远远超过了德大纱厂,它的管理体制在德大的基础上日臻完善,成为楷模。

1918 年,穆藕初以上海厚生纱厂为总厂,增加投资 200 万元,在郑州开办了豫丰纱厂。豫丰纱厂是上海民族企业家大规模向内地投资的先驱。同时豫丰纱厂还自行筹建起发电车间、自来水设施及自建了铁路支线与郑州车站联结。工厂的规模可称得上是第一流的。它的建成显示了我国民族工业第一次腾飞时期及民族企业家穆藕初发展实业的雄心和魄力。

穆藕初经营企业的同时,还开办了穆氏植棉试验场,引进美国长纤维棉种,进行植棉改良,从而使厚生、德大两厂首创生产出 42 支纱、及 32 支、42 支双股线的产品,为提高我国民族棉纺业水平和棉种改良作出了重大贡献。

这里特别需要提到的是穆藕初之所以成为一位卓越的实业家,在于他能把实业建设放在实学、实干的基础上,在于他能够把积累的经验与科学技术发展的时代节拍相联,在于他敢于冲破封建性企业管理的束缚,切实可行地研究运用国外先进的企业管理科学,这些使他取得事业上的成功。与一般企业家不同的是,他在经营的同时,还译、著了许多学术著作如:真乐儿著《学理的管理法》(今译为泰罗著《科学管理法原理》)、克拉克著《日本纱布业》(中译本名《中国花纱布业指南》)、《植棉改良浅说》、《美棉消毒之方法》、《游美国塔虎脱农场记》、《发展中国天产与商务》、《中国商务与太平洋》、《纱厂组织法》、《日本纺织托赖斯之大计划》等,为我国民族实业的发展贡献了智慧和力量。另外,他还设计出我国第一台电动脱粒机,并试制成功。

穆藕初还主张兴办实业必须先谋实学,培养企业需要的人才,所以在他有了一定的经济实力后,他就积极资助教育事业的发展。十年间他资助于教育事业的经费达十五万元以上。

随着第一次世界大战的结束,加上中国国内军阀混战,民族工业濒临绝境。穆藕初也不例外。1943 年,穆藕初在重庆病逝,终年67 岁。

穆藕初一生奋斗的历史,正是中国近代民族工业的一部活的历史。

人生箴言

> 人定胜天,志一动气,君子亦不受造化之陶铸。
>
> ——洪应明《菜根谭》

成长启示

意志专一,意气情感则随之转移,君子也不受命运的安排。

第四章

陷入孤立境地与自己同行

生活有时不经我们同意，就把一些突如其来的不幸事件强加给我们，使我们毫无准备地陷入没有任何援助的境地。

陷入人生孤境，这就是寻求独立和自由的现代人在劫难逃的命运。对此，大可不必悲悲戚戚。我们既然不再把自由当作抵押品，换取肉体和灵魂被拯救的空洞许诺，我们自然要担负起自我拯救的使命。

生活逐渐教我们知道，在我们需要求助时，很容易得到鄙弃；而在我们需要清静时，总是得到热闹。所有的社会都习惯于捧场。如果我们不自己拯救自己，必然走向自我毁灭。

人总是难以对自己做出正确的估计。一帆风顺时自我感觉太好，遭受挫折时又会自我糟蹋。对待顺境和逆境我们要保持同样的警惕。在我们陷入无援的悲惨境地时，绝不能听信魔鬼的谗言，不能站在魔鬼一边杀死我们心中的上帝——对自己的信念。

无论如何，要使我们成为自己的避难所，成为自己最亲近的人,成为自己随身携带的家。即使我们带着满身血迹和唾沫回来,也要使自己受到凯旋似的欢迎。

　　既然不论是面对死亡.还是面对个人灾难.人生中总有一段黑暗的路要我们独自去走,那就让我们挽起自己的胳膊上路吧。让我们与悲伤的、绝望的、被人遗弃的自己同行,走过人生的阴雨时期,你会在晴朗的天空下拥抱一个快乐的、圣洁的、充满爱意的自己。让我们像落日一样与走向归宿的自己同行,我们的灵魂会得到抚慰,如同宁静美丽的黄昏。

　　"王侯将相,宁有种乎?"这话并不谦虚,却透着一股豪气。今天,我们是不是应该活得再多一点豪气呢?

——读书扎记

以苦为乐

范蠡辅佐越王勾践二十多年,终于打败了吴国,报了会稽之仇。他因为功绩卓著,被封为"上将军"。范蠡受封之后,想到越王勾践的为人,可以共患难,不可以同安乐,自己盛名之下是难以久安的,不如辞官回乡,于是他便携妻带子辞官而归了。范蠡曾对别人说:"计然的策略有七项,越国只用了五项,就成了强国,过去我用他的计策强国,现在我要用他的计策行之于治家。"

计然是春秋战国时期晋国的一位公子,姓辛名研,字文子。他游学来到越国,结识了范蠡。范蠡向他请教治国大计,两人愈谈愈投机,于是成了亲密的朋友。那时越国已沦为吴国的附属国,越王勾践刚刚被吴王释放回国,始终不忘复仇雪耻,他也向计然请教复国之策。计然便为越国出了七计,他说:"吴越之战后,越国已元气大伤,要想重新富强起来,只有艰苦奋斗,上下同心,同时还要有一定的计划。贵国的情况是,十二个年头里有六个丰年、六个灾年。掌握了丰歉循环的规律,丰年时多储备粮食,以备歉年之需,就不会盲目乐观、任意浪费,歉年也不会饿死人了。"计然告诉勾践,民以食为天,粮食的生产是维持国家安危和人民生死的特殊商品,应由国家进行控制,而且国家应该鼓励农业生产。他一口气讲了七条计策,越国执行了五条。10年之后,越国变得国富民强,所以范蠡很佩服计然。他弃官从商之后,运用计然的理论经营,不久也成了巨富。

　　范蠡辞官之后,首先来到了齐国,隐姓埋名,自称是鸱夷子皮,意思是"酒囊子的外皮",这样开始自己的创业历程。齐国是东方的大国,农业和工商业都很发达。范蠡父子在海边以种为生,辛勤劳作,合力整治生产。由于同心协力,功夫不负有心人,没有多久,他就积聚了数十万财产。由于他的能力和才干,在齐国很快成了名人。齐人听说范蠡很勤劳、很贤能,便请他出来做卿相,并且送来了相印。这与范蠡的本意是相违的,他感叹道:"在家能够艰苦奋斗聚集千金,做官则能位至卿相,这是一个平民最得意的事情了,但是长久享受尊名却是不祥的事情。"于是他奉还相印,并把家产分给了朋友及邻里,自己一家只带了金银珠宝秘密地离去了。

　　他来到定陶(今山东省淄博),认为这里是四通八达的商业枢纽,居于天下之中,在这里谋生治产是完全可以致富的,于是在这里住下来,自称朱公,人们都称他为陶朱公。他面对新的形势,对自己的治产又作了新的调整。范蠡带领儿子们亲自耕种和养牲畜,战胜了各种困难,才获得了庄稼的丰收、六畜的兴旺。他又不失时机地进行商业活动,积累资金,大胆地买进卖出,只谋取十分之一的利润,买卖做得十分红火。没有过多久,他又积累了数百万的财富。天下人都知道定陶有个陶朱公,富甲天下。

　　有位叫价顿的人来向范蠡请教致富的办法,范蠡告诉他,要想尽快致富,必须辛勤劳动,而且要不怕艰苦,同时多养六畜。又有人问他:"你十几年中,三次聚财至千金,家资巨万,有什么诀窍吗?"范蠡就把自己经商理财的十八则说出来:"第一生意要勤快,切勿懒惰,那样什么事也干不成;第二价格要标明;第三生活要节俭,切勿奢华,奢华则钱财竭;第四是切勿滥出;第五是货物需面验,切勿滥入;第六是出入要谨慎;第七是用人要方正,切勿歪斜;第八优劣分明;第九货物要修整,切勿散漫;第十期限要限定;第十一买卖要快捷,切勿拖延;第十二钱财要明慎,切勿糊涂;第十三账目要稽查,切勿懈怠;第十四切勿暴躁,和气生财;第十五切勿妄动,妄动则误事;第十六临事要尽责;第十七工作要精细,切勿粗糙;第十八切勿浮躁,浮躁失事多。"这些经验之中,几乎没有一条离开了勤劳致富、艰苦创业这个根本,所以范秀才能在十几年之中三致千金。

人生箴言

> 但得众生皆得饱,不辞赢(旧)病卧残阳。
>
> ——李纲《病牛》

成长启示

只要能让众人饱食,自己就是病弱得卧倒于残阳之下,也在所不辞。

面粉大王和棉纱大王兄弟

荣宗敬、荣德生兄弟是我国近代著名的民族企业家。他们一生兴办实业,先后创建了茂新面粉公司、福新面粉公司和申新纺织公司等企业系统及其附属企业,成为旧中国规模最大的民族资本企业集团。荣氏兄弟也被人们称为中国近代的"面粉大王"和"棉纱大王"。

荣氏兄弟是江苏无锡人,祖辈家境并不富裕,只有十余亩薄田收入。荣氏兄弟的父亲荣熙泰为分担家庭负担,长期外出谋职,先在浙江乌镇一家冶坊做账房,后经人介绍,于1883年到广东做了十多年的厘卡税吏。多年的宦海生涯,荣熙泰深深感到升官发财不是件容易的事,他为兄弟俩选择了经商之路。

荣宗敬,生于1873年。荣德生,生于1875年。兄弟两人自幼在私塾读书。少年时期,他们就先后走上了社会。荣宗敬14岁时被送到上海一家铁锚厂做学徒,学习账房业务。第二年转入上海一家钱庄做学徒,经过三年苦学满师后,又转入另一家钱庄做收解员。期间,接触的客户大多数经营棉麦等农产品。由于他专心研习,了解到很多中国棉麦产销的情况,增长了不少见识。22岁那年,该钱庄倒闭,他便回到家乡无锡。1889年,15岁的荣德生也来到上海的钱庄做了学徒。学徒期间,他也和哥哥一样刻苦学习,很快就熟悉了钱庄的汇兑等业务。兄弟俩在钱庄的学业生涯,为他们日后一生事业的拓展奠定了坚实的基础。18岁时,荣德生随父亲到广东三水河厘金总局做助理账务,吃上了皇粮。三水河口地处交通要道,厘金局管理着过往货物的捐税。在检查来往货运中,荣德生发现每年都有大量的外国面粉输入,而且有增无减,当时通商条约上明文规定,面粉进口是供外侨食用的,不征关税。可它的输入量显然大大超过了外国侨民的实际需求量,很明显这是在利用有关条款逃避关税。但由于清政府的腐败无能,荣德生只能空怀忿恨,无济于事。

1895 年底,荣德生和父亲一起离职回到家乡无锡。这期间,无锡的工商业和钱庄业日益兴盛,荣熙泰的旧友中有不少人都因开设钱庄和经营工商业而发了财。荣熙泰考虑到兄弟俩都是钱庄习业出身,对银钱事务十分熟悉,且开小钱庄也比较容易,于是 1896 年 2 月荣家父子三人与人合股在上海开设了广生钱庄。荣氏占有一半股份。荣宗敬任经理,荣德生为管账。钱庄开业不久,业务就有了较大发展。接着又在无锡设立了分庄,由荣德生任分庄经理。从此开始了荣氏兄弟二人共同经营事业的历史。不久,父亲病故,留下遗训:经营事业要坚持信誉第一,开支要讲省俭,办事要果断稳重。兄弟俩按着父亲的遗训,齐心合力,谨慎行事,并在创业的最初两年中,把重点放在打基础上,不追求过高的盈利。这样,三个合伙人感到不满,都纷纷把股份退出。于是自 1898 年起,广生钱庄就由荣氏兄弟独资经营。由于荣氏兄弟的悉心经营,再加上正值中日甲午战争之后,帝国主义加强了对中国的经济侵略,刺激了中国资本主义工商业的发展,使钱庄业务开始好转,广生钱庄的业务繁忙起来,并获得了较丰厚的利润,钱庄的信誉也随之提高。

经营钱庄的初步成功使荣氏兄弟充满自信,但同时也感到不满足。他们认为：钱庄放账只能获得微利，不如投资实业赚得多。荣氏兄弟打算开办实业的重要原因，是因为受到当时效仿西方变法自强之风的影响。他们面对帝国主义纷纷在中国投资建厂，大量攫取中国人民的财富，激起了民族自强振兴的爱国思想，决心走振兴祖国实业、挽回利权之路。1900年，荣德生在香港码头上看到堆积如山的进口面粉，联想到他在广东三水河厘金局任管理账务时，了解到的内情：国家每年要因洋粉的内运损失巨大的利税。荣德生决心要创办自己的面粉加工厂，解决民众生活所需，堵住外商借此逃避关税、攫取中国财富的路。他把自己的所见所想告诉了哥哥。荣宗敬也发现，在钱庄汇兑往来中，采购小麦的款项为数巨大，说明市场上对面粉的需求有增无减。因此，投资面粉加工业是合时宜的，而且前景一定广阔。兄弟二人立即决定将钱庄的部分资金转来兴办面粉加工业。经过对面粉业的一番调查后，1900年10月，荣氏兄弟以钱庄盈利做资本，与人合资在无锡筹建面粉厂。官僚朱仲甫投资1.5万元。1902年，面粉厂建成投产，取名"保兴面粉厂"。这是一个规模很小的工厂，仅装置四部法国石磨，麦筛三道，粉筛二道，雇用30余名工人，日夜产粉300袋。这就是荣氏兄弟实业活动的开端。由荣德生经营面粉厂内事务，荣宗敬仍在上海经营广生钱庄，并负责面粉厂对外业务。

面粉厂机器运转了一年，可结算下来，并无盈利。原因是当地人思想守旧，不敢食用机制面粉；另外，南方人不大喜欢吃面粉，面粉的最大市场在北方，而"保兴"又没有打开北方的销路。荣德生马上采取了两方面措施：一方面派人到无锡各面馆、面店、点心店推销面粉，并实行先试用、后付款的办法，再加上采用各种优惠条件来吸引消费者。经过用户试用,证明食用机制面粉并无害处,销售开始转旺;另一方面,由荣宗敬在上海物色能打开北方销路的商行;重金聘请善于推销、与北方客帮熟悉的王尧臣、王禹卿兄弟为推销员,不久,"保兴"面粉就打开了北方市场,利润滚滚涌来。后来,朱仲甫另就新官,要拆股而去,荣氏兄弟买下了他的股份,把厂名改为"茂新面粉厂",由荣德生任经理,荣宗敬任批发经理。

为了迅速扩展企业,荣氏兄弟采取少发股息,不分红利的办法,把赚来的钱大部分投入扩大再生产。1904年,日俄战争的爆发,导致俄、日两国和中国东北各地对面粉的需求量猛增,面粉价格也随之上涨。荣氏兄弟抓住这有利时机,进一步扩大"茂新"的生产能力,增添了6座钢磨。其中只购头钢磨的主要部件,辅助机件由自行仿造,这样既减少了固定资产的投资,又扩大了工厂的生产能力。"茂新"面粉产量提高了十倍。同时,荣氏兄弟又在提高面粉质量上下功夫。对此,荣德生更有其独特的见解,他认为要提高面粉质量,最主要的问题是要注重原料的选择。因此,在他主持厂务工作中,亲自把好原料关。1911年洪水泛滥,他想到仓库内潮麦必多,就告诫收麦人员坚决不购潮麦、坏麦。结果那一年无锡其他各面粉厂都受到烂麦的影响,产品质量下降,唯独只有"茂新"的"兵船牌"面粉质量好,畅销市场,与当时全国最新式的阜丰面粉厂的名牌产品老车牌面粉并驾齐驱。

荣氏兄弟的坚韧不拔努力终于得到了报偿,1912年底,"茂新"盈利达到十余万两,终于还清了各项欠款。荣氏兄弟兴办实业的信心更强了。辛亥革命以后,中华国民政府成立及其所采取的奖励兴办实业等措施,为民族资本主义工商业的发展创造了有利的社会环境。这时,荣氏兄弟在上海又开始创办福新面粉厂,1913年建成投产。开工不满一年,即获利3.2万元,盈利率高达80%。同年,荣氏兄弟用福新一厂盈利兴建起福新二厂和三厂。

第一次世界大战以后,国际国内市场面粉出现供不应求局面。荣氏兄弟及时抓住发展面粉工业的有利时机,租办、收买了好几家面粉厂。茂新和福新面粉厂取得了迅猛的发展。经过荣氏兄弟十多年的努力奋斗,苦心经营,他们的企业不断扩充,到1921年为止,他们已经拥有12个面粉厂(茂新4个,福新8个),分布于上海、无锡、汉口、济南等地,在同行业中首屈一指,形成了一个颇具规模的体系。1921年,荣氏兄弟在上海成立了茂新、福新总公司,其生产能力占到全国民族面粉业的四分之一。荣氏兄弟被誉为"面粉大王"。

荣氏兄弟在面粉工业成功的鼓舞下,又想到近代工业的其他领域中闯一闯。他们把目光注意到了棉纺织业。几经波折,他们终于有了自己的棉纺织厂。在半封建半殖民地环境下,民族资本伸展的天地极其狭小,但荣氏兄弟苦心孤诣,精打细算,百般腾挪,终于继面粉业立起门户之后,又在经营棉纺织业方面取得了巨大发展。他们继创办申新纺织一厂之后,又在上海、无锡、汉口分别创办了申新二厂、三厂和四厂,成立了申新总公司。到1931年,申新共有纱锭46万枚,占全国民族资本棉纺织厂总数的18.9%,布机4757台,占全国民族资本棉纺织厂总数的27%。

荣氏兄弟创办企业得以迅速发展的原因在哪里呢?从企业家应具备的素质看,荣氏兄弟始终在强烈的爱国思想和敬业精神的支持下,保持着旺盛精力,来从事他们的企业活动,这是他们经营成功的秘诀之一。具体反映在以下几个方面：

第一，"兴工业，防侵略"作为战略目标。荣氏兄弟一生兴办面粉和棉纺织工业，这是关系国计民生的产品。因为他们明白在中国发展面粉、纺纱工业的前景广阔；更为重要的是由于他们看到洋纱洋粉充斥中国市场，利权外溢，打击和压迫着中国民族工业的兴起和发展，所以他们办工业，不在乎企业的既得利益，而着眼于改变中国实业落后的状况，发展民族纱、粉工业，从而达到强盛祖国、抵御侵略的目的。

第二，"非扩大不能立足"，具有强烈的竞争意识。荣氏兄弟认为，只有不断扩大企业规模才能增强自身竞争能力。在这种强烈竞争意识的指导下，荣氏兄弟采取了一套独特的企业活动方针，即在增设新厂的同时，积极收买旧厂，然后加以整顿改造，使之迅速形成新的生产能力，参与竞争。这种兼并他厂的做法，是荣氏兄弟扩展自己企业的一个重要特点。

第三，具有远见卓识的开拓创新精神，以"不能过陷于自封之境域"为企业的经营思想，对企业引进先进技术和设备、提高生产效率、降低生产成本、提高产品质量方面都起到了重要作用。

第四，在"精神为立业之本"的思想指导下，荣氏兄弟独特的资金运作方式，也是他们经营成功的一个重要因素。为了加快企业的扩大再生产，他们长期采取少发股息、不发红利的方法，把大量企业利润直接转化成扩大再生产的资金来源。另外在资金融通中，荣氏兄弟还以熟悉钱庄业务的优势，灵活调剂资金。

第五，荣氏兄弟之间不持己见，顾全大局，相互尊重，分工配合，也是他们合作经营企业取得成功的重要因素，也是难能可贵之处。

荣氏兄弟经营实业成功的经验,对于我们今天实行改革开放,搞活企业,是不无启迪的。

在旧中国,荣氏兄弟和他们的企业,历尽磨难,始终在外国列强入侵和国内动荡的政局中拼力挣扎,没有能够得到自主发展的机会。民族资本企业在狭缝中求生存,难以逃脱被掠夺搜刮的恶运,荣氏企业也遭受到沉重的打击。国民党当局甚至将荣德生的儿子下狱,以对其敲榨勒索。

国民党统治的黑暗腐败,战后国内经济大崩溃的现实,使得在荣宗敬辞世后支撑荣氏企业的荣德生,对蒋家王朝不再抱任何幻想。他最终没有像有些企业家那样,随蒋氏政权而去,而是毅然留在大陆,与新的人民政权携手,直到1953年逝世。

人生箴言

古之能成大事者,必其自胜之力甚强也。
——梁启超《饮冰室外合集》专集之四《新民说·论自治》

成长启示

从古至今,凡能成大事的人,战胜自己的能力都是很强的。

越王勾践百忍成金

公元前494年，吴王夫差为了报越国的杀父之仇，遂兴兵伐越，梅山一战，吴军大获全胜，越国几乎是全军覆没。面临着国破家亡的绝境，越王勾践与大臣文种、范蠡经过一番谋划之后，决定亲自携了妻子到吴国为人质，臣事夫差。

夫差不顾大臣的反对，接受了勾践的请求，就在死于越国之手的先父阖闾的墓旁，建了一所简陋的石头房子，将勾践夫妇贬居其中，并命他们去掉衣冠、蓬头垢面，衣着奴隶的服装，替他养马。每当夫差出游之时，勾践还得执着马鞭步行在一旁服侍，吴国百姓对他指指点点地议论道："这个人便是原来的越国之君啊！"勾践只是忍辱含垢，低首无言。平时勾践还得砍柴汲水，夫人做饭洗衣，这一对国君夫妇，俨然奴隶一般。

为了不致引起夫差的猜忌以招来不测之祸，勾践还不得不想方设法奴颜媚态去巴结夫差。一次夫差病了，勾践请求入宫问疾探病。其时夫差正要腹泻，便令句践暂避一下。句践道："贱臣过去曾从师学医，能观人粪便，便知病情的轻重。"

待夫差泻毕，侍从将便桶抬出室外，勾践跟了出来，揭开桶盖，伸手取了一块大便，跪下来放在口中细细品尝，在场的人无不掩鼻皱眉。勾践品尝之后却面有喜色，入室向夫差祝贺道："贱臣拜贺大王，大王的病不日当可痊愈了！"

夫差问："你怎么知道？"

勾践说:"贱臣曾听医师说,粪者,谷味也,体健其味重,体病其味轻。贱臣尝大王之粪,其味既酸且苦,因此知之。"

夫差听后,大为感动,叹道:"我的大臣,我的太子都不能这样做,勾践才是真正爱我的呀!"

于是,他决定释放勾践夫妇回国。

勾践回国以后,发愤图强,经过十年生聚、十年教训,国力大振。公元前475年,勾践倾全国之力,进攻吴国。夫差大败,请求世世代代为越国附庸,勾践不允,迫使夫差自杀。

人生箴言

人生万事须自为。

——《元诗别裁集》

成长启示

人生在世,凡事都要依靠自己去做。

郭子仪的深谋远虑

事物总有看不透、不可料的一面,而世事诡橘、风波乍起,更非人所能目睹,所以主张立身惟谨,避嫌疑,远祸端,凡事预留退路,不思进,先思退。满则自损,贵则自抑,所以能善保其身。

唐朝郭子仪平定安史之乱的事迹已为人所熟知,但很少人知道,这位功极一时的大将为人处世却极为小心谨慎,与他在千军万马中叱咤风云、指挥若定的风格全然不同。

唐肃宗上元二年(761),郭子仪进封汾阳郡王,住进了位于长安亲仁里的金碧辉煌的王府。令人不解的是,堂堂汾阳王府每天总是门户大开,任人出入,不闻不问,与别处官宅门禁森严的情况迥然有别。客人来访,郭子仪无所忌讳地请他们进入内室,并且命姬妾侍候。有一次,某将军离京赴职,前来王府辞行,看见他的夫人和爱女正在梳妆,差使郭子仪递这拿那,如同使唤仆人没有两样。儿子们觉得身为王爷,这样子总是不太好,一齐来劝谏父亲以后分个内外,以免让人耻笑。

郭子仪笑着说:“你们根本不知道我的用意,我的马吃公家草料的有五百匹,我的部属、仆人吃公家粮食的有一千人。现在我可以说是位极人臣,受尽恩宠了。但是,谁能保证没人正在暗中算计我们呢?如果我一向修筑高墙,关闭门户,和朝廷内外不相往来,假如有人与我结下怨仇,诬陷我怀有二心,我也会闭目塞听,错失分辩的机会。我现在这样无所隐私,不使流言蜚语有滋生的余地,就是有人想用谗言诋毁我,也找不到什么借口了。"

几个儿子听了这一席话,都拜倒在地,对父亲的深谋远虑深感佩服。中国历史上多的是有大功于朝廷的文臣武将,但大多数的下场都不好。郭子仪历经玄宗、肃宗、代宗、德宗数朝,身居要职六十年,虽然在宦海也几经沉浮,但总算保全了自己和子孙,以八十多岁的高龄寿终正寝,给几十年戎马生涯划上了一个完美的句号,这不能不归之于他的这份谨慎。

人生箴言

变祸为福,易曲成直,宁关天命?
————柳宗元《柳河东集·愈膏肓疾赋》

成长启示

变祸害为幸福,变曲折为直接,与天命相关吗? 关键在于我们人力。

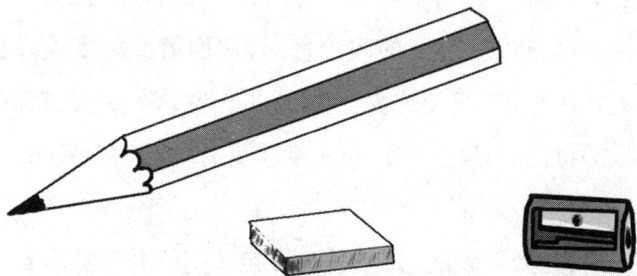

朱元璋缓称王

"缓称王"作为朱元璋"高筑墙,广积粮,缓称王"大战略的最后一个环节,实际上也是最重要的一个环节。当朱升提出"缓称王"时,主要的几路起义军和较大的诸侯割据势力中,除四川明玉珍、浙东方国珍外,其余的领袖皆已称王、称帝。最早的徐寿辉在彭莹玉等人的拥立下,于元至正十一年(1351)称帝,国号天元。张士诚于元至正十三年(1353)自称诚王,国号大周。刘福通因韩山童被害,韩林地下落不明之故,起兵数年未立"天子",到元至正二十年(1360)徐寿辉被部下陈友谅所杀,陈友谅自立为帝,国号大汉。四川明玉珍闻讯,也自立为陇蜀王。一时间,九州大地。"王"、"帝"俯拾皆是。

此时只有朱元璋依然十分冷静。他明白"谁笑在最后,谁才是真正的胜利者"这个道理。所以,他坚定地采纳"缓称王"的建议。

与其他各路起义军迫不及待地称王的做法相比较,朱元璋的"缓称王"之战略不可谓不高明。"缓称王"的根本目的,在于最大限度地减少己方独立反元的政治色彩,从而最大限度地降低元朝对自己的关注程度,避免或大大减少过早与元军主力和强劲诸侯军队决战的可能。这样一来,朱元璋就更有利地保存实力,积蓄力量,从而求得稳步发展了。

要知道,在天下大乱的封建朝代,起兵割据并不意味着与中央朝廷势不两立,不共戴天。但一旦冒出个什么王或帝,打出个什么旗号,那就标志着这股势力与中央分庭抗礼了。因此,哪里有什么王或帝,朝廷必定要派大军前去镇压。徐寿辉称帝的第二年,元朝大军就对天元政权发起大规模的进攻。同样的道理,张士诚、刘福通等人,莫不为元军围攻。

相比之下,只有尚未称帝的朱元璋,一直到大举北伐南征前,都未受到元军主力进攻。原因之一,是朱元璋周围有徐寿辉(后为陈友谅)、小明王、张立诚势力的护卫,元军要进攻朱元漳,必须首先越过他们占据的地域。但这也不是绝对的。元军曾进攻过张士诚的六合,距离应天只有五六十公里,元军可以到六合,当然可以到应天,否则朱元璋也就不会慌慌张张地派兵救援六合了。原因之二,是朱元璋在称帝之前,一直"忍辱负重",隶属于小明王的政权。当时天下称帝者有三四个,处于摇摇欲坠中的元朝根本顾不上朱元璋这一类附于某一政权的势力。而朱元璋正是抓住了这有利时机,加紧扩大地盘,壮大力量,最后终于成为收拾残局的主宰者。

"缓称王"还避免了过多地刺激个别强大的割据政权。元末虽乱,但到最后"冠军"只能有一个。从这个意义上讲,任何一个割据政权都是皇权路上的竞争者。因此,割据政权除要与朝廷斗争外,相互之间还有"竞争",这种"竞争"实际上就是血腥的相互残杀。正因为朱元璋"缓称王",不但避免卷入这种残杀,而且借隶属于小明王的政权,一方面讨得欢心,另一方面也得到了政权的庇护,可谓一箭双雕。

做/优秀的/自己

人生在世,全要贵于自立。

——石成金《传家宝》

成长启示

人生在世,凡事需要依靠自己。

刘备曹操论英雄

东汉建安四年暮春的一天，以司空录尚书事名义控制了东汉朝廷的曹操，忽然心血来潮，派遣部将许诸、张辽去把左将军刘备找来。

刘备在群雄并起时聚众起兵，争霸一方，可惜时乘运安屡屡受挫。建安元年，他被任命为豫州牧，暂驻徐州小沛，但喘息未定，又遭袁术、吕布夹击，他丢妻弃子，仅率关羽、张飞等数十人狼狈而逃。半路上，刘备遇上了东征吕布的曹操。曹操擒杀了吕布，他才救回了妻子。由于兵马丧失殆尽，刘备只得跟曹操返回东汉的临时国都许昌，寄人篱下，暂且安身。曹操或是英雄惺惺相惜的缘故，对潦倒的刘备十分敬重，他奏请汉献帝，宣布刘备为左将军。

刘备自忖是汉皇后裔，视曹操这种挟天子以令诸侯的权臣为不共戴天的仇敌，背地里，他正与国舅董承密谋除去曹操，所以刘备不免心虚，处处防范曹操猜忌，加害自己。平时，刘备绝少交游，常在自己住处的后园种菜，亲自耕耘浇灌，避免惹人注目。

这一天，刘备正在后园浇菜，忽听仆人来报，曹操派许诸、张辽请刘备速去曹府。刘备不知曹操的用意，只好忐忑不安地来见曹操。

曹操看见刘备，朗声一笑，说："玄德在家干得好事。"

刘备吓得面如土色，只觉心已跳到嗓子眼了，哪知曹操又说："你在家种菜辛苦了。"

刘备这才放下心来,答道:"无所事事,消遣而已。"

曹操与刘备来到后花园小亭坐下,亭中石几上已放了两盘青梅、一坛酒。曹操对刘备说:"早晨,我看到树上青青的梅果,忽然想到去年征讨张绣时望梅止渴的事。那日行军途中,士兵们口渴难耐,步伐渐渐放慢。我心生一计,用马鞭朝前随便一指,说:'前面有梅林。'士兵们马上口齿生津,脚下生风,很快赶到了前线。今日看到青梅,不可不赏。正好,新造的酒正熟,所以请您来共谋一醉。"

刘备此时已完全放心了,就与曹操开怀畅饮,纵论古今。

酒至半酣,天气忽然起了变化,阴云滚滚,暴雨将至。侍者指着远处的龙卷风,请两人观赏。古人称龙卷风为天龙吸水,曹操说:"玄德知道龙的变化吗?"

刘备说:"所知不多。"

曹操说:"龙变化多端,能大能小,能升能隐。大则吞云吐雾,小则隐身蔽形;升则飞腾于宇宙之间,隐则潜伏于波涛之中。"曹操话锋一转,说:"世上的英雄,就是人中之龙。玄德征战四方,见闻广博,一定知道哪些人堪称当世英雄,请教给我听一下。"

刘备哪敢信口开河,连忙推脱说:"我凡胎肉眼,怎能识别英雄?"

曹操听了,不觉有些不悦,说:"玄德不要过分谦虚了。"

刘备怕再推脱下去弄巧成拙,引起曹操的猜疑,就装模作样地扳着手指头数说起来:"雄踞淮南的袁术,兵强粮足,可算一位英雄。"

曹操不屑地一挥手,说:"袁术哪行!我把他当做坟中的枯骨,早晚要抓住他。"

刘备又说："虎踞河北的袁绍,出身名门,祖上四代都官至三公,门生故吏遍布天下,可是英雄?"

曹操听了一笑,说："袁绍外貌威武,但内心怯弱;野心勃勃,却目光短浅,优柔寡断,又争功好利,不是英雄。"

刘备揣测："刘表名列当代俊杰,声名播于天下,可是英雄?"

曹操撇撇嘴,说："刘表金玉其外,败絮其中,怎能称为英雄!"

刘备再说："江东的孙策,血气方刚,可算做少年英雄?"

曹操摇摇头,说："孙策是借助他父亲孙坚的余威建立基业,不能算做英雄。"

刘备最后说："益州牧刘津,可能算做英雄?"

曹操拍手大笑,说："别看刘津出身皇室,他只配做我的一个看门狗,怎能让他称英雄?"

刘备见曹操一一予以否定,不免有些泄气,他说："那么,张绣、张鲁等人怎么样?"

曹操哈哈大笑,说："这种碌碌无为的小人,何足挂齿!"

刘备把手一摊,皱着眉头说："除了这些人之外,我不知道还有谁能称为英雄。"

曹操说："英雄者,就是胸怀吞吐天地之大志,腹蕴神鬼莫测之玄机的人。"

曹操指指刘备,又指指自己,豪情万丈地说："当今天下英雄,只有玄德与我啊!"

刘备闻言大吃一惊,手中的筷子竟落地而不觉。恰巧,响起一阵春雷,刘备立刻掩饰说："雷霆一震,使人胆战心惊。"

曹操用嘲弄的目光盯着刘备,说:"大丈夫还害怕区区雷声?"

刘备说:"孔子遇到疾雷暴风,都会因为敬畏上天而变了脸色,我又怎会不怕?"

一阵雷声使曹操忽略了刘备听说自己是英雄而失态的细节。一会儿,关羽、张飞寻来了,刘备便起身告辞,逃离了虎穴。

刘备回去后,对关羽、张飞说:"今日惊煞我也!"

关羽、张飞忙问何事,刘备说:"我在后园种菜,主要就是想让曹操认为我胸无大志,谁知曹操目光如炬,竟指我为英雄。"

莽张飞哇哇大叫:"曹操说得不错呀,兄长本来就是英雄嘛。"

刘备说:"曹操说我与他为当今仅有的两个英雄。双雄不并立,他既在心目中把我当做最大的敌人,那我们住在许昌,在他的掌握中,不是随时都有性命危险吗?所以,我吃惊得掉下了筷子,幸好一阵雷声响起,让我掩饰过去。"

不久,袁术兵败势穷,放弃了淮南,北逃青州。刘备趁机向曹操自荐去追击袁术,曹操一时大意,竟同意了。刘备得令后,立即束装出城,如同出笼之鸟,兼程东进,终于脱离了曹操的掌握。

人生箴言

自立进取乃人生第一义,万不可自弃者也。

——康有为《孟子微》卷一

🕊 **成长启示**

> 自立进取是人生中首要的道，万万不能自我抛弃。

多尔衮以变应变挥军入关

清崇德八年(1643)8月9日晚10点，太宗皇太极因患中风，与世长辞。

在谁来接班的混战中，最有权势的多尔衮以大局为重，表现出政治家的远见和卓识。他站出来表态，拥立皇太极第九子福临为帝，改顺治元年，就是后来的清世祖顺治皇帝。当时福临6岁，连自己的生活还不能自理，又如何能治理国家？多尔衮决定"帝年岁幼稚，吾与郑亲王分掌其半，左右辅政，年长之后当即归政"。多尔衮后被尊为叔父摄政王。

多尔衮是努尔哈赤第十四子。初封贝勒，因为在十位贝勒中，按年龄大小排行第九，所以也被称为"九王"。多尔衮英武超群。天聪二年，他年仅17岁，随太宗征内蒙察哈尔多罗部立过大功。天聪五年，皇太极设六部，多尔衮掌管吏部。天聪九年，多尔衮率兵追击林丹汗残部，招降林丹汗之子额哲，获传国玉玺献给皇太极，又立大功。在清王朝的奠基事业中，多尔衮贡献良多，还是颇有政治头脑的杰出人物。太宗死后，多尔衮名为摄政王，实则掌握着清朝最高权力。

明清之际,农民起义风起云涌,到崇祯十六年(1643)已成燎原之势,李自成的大顺军和张献忠的大西军得到迅猛发展。崇祯十七年(公元1644年)正月,李自成在西安正式建国,国号大顺。同年2月,起义军攻占太原、代州。3月,李自成率百万大军向北京进发,兵临北京。两天后,皇帝自知大势已去,泣退众臣,亲手砍死了袁妃,逼死周后,又杀死女儿坤仪公主,自己自缢,农民军占领北京。

此时,满洲统治者正在关外注视着关内形势的发展。4月4日,在尚不知李自成入京消息的情况下,大学士范文程上书多尔衮说:"当今正是摄政清王建功立业,重修万世之时,应该进取中原,与'流寇'争角。"

当即,多尔衮采纳了范文程的建议,打出"救民出水火"的旗号,4月7日祭天伐明。9月全军出动,13日兵至辽河。这时,得知北京城破,皇帝已死的消息,入主中原的形势越来越有利,便加紧向山海关进军。

早在京师危急的时候,皇帝命宁远总兵吴三桂回师勤王。吴三桂慢慢腾腾,折腾了十几天,才走到河北丰润,得知李自成已攻占北京,于是又退回山海关不敢前进。

吴三桂没想到,李自成不久即派唐通前来,带着其父吴襄的亲笔劝降信和犒师的银两,招他入京,另派2万起义军把守山海关。他接受了犒师的银两,但却屯兵九门口为自己留下一条后路,才慢慢地向京师而行。走到滦州,听得逃来的家人吴福密报:家产悉数被抄,夫人、小姐被杀,父亲被囚,爱妾陈圆圆被闯将刘宗敏抢去做了押寨夫人。他马上又掉头返回山海关,击走了李自成派来接防的那2万人。

不日,李自成亲率20万大军前往山海关征讨。危急时刻,吴三桂采用方献庭的密策,派副将杨坤、游击郭云龙出关,向多尔衮送去密信一封,上书:

明平西伯辽东总兵吴三桂谨上书于大清国摄政王多尔衮殿下:我朝李闯作乱,攻陷京师,先帝惨遭不幸,祖庙化为灰烬。三桂受国厚恩,据守边地,意欲为君父复仇,怎奈地小兵少,不得不泣血而求助。我国与北朝(清及前身)通好二百余年,今无故而遭国难,北朝应亦念之,而且乱臣贼子当也北朝所不能容之。夫除暴安良者大顺也,拯危扶倾者大义也,救民水火者大仁也,取威定霸者大功也。素闻大王乃盖世英雄,值此摧枯拉朽之机,诚为时不再得,乞念亡国孤臣忠义之言,速选精兵,直入中协、西协;三桂自率所部,以合兵而抵都门,灭流寇于宫廷,而示大义于中国。则我朝之报于北朝者,岂唯财帛? 行将袭地以酬,决不食言!

此信说明吴三桂已决心倒向清朝,和农民军作对。其个中原因究竟是什么? 明末清初有个诗人叫吴梅村的,顺治九年作了一首《圆圆曲》,诗中说:

> 全家白骨成灰土,一代红妆照汗青。
>
> 痛哭六师告缟素,冲冠一怒为红颜。

诗中透露,吴三桂之所以要引清军入关,只是为了爱妾陈圆圆。此话似乎有些过激,但仔细琢磨,也自有其道理。那吴三桂并非什么正人君子,他爱财、惜命,又极有官瘾,当然也不会不爱美色。

这个陈圆圆,本姓邢,母亲死后,其姨把她养大,故改了姨家的姓。她家住姑苏,名玩,"素心纨质淡秀天成",长大成人,竟色艺无双,被皇帝的周后之父物色入宫,周后想用圆圆去掉田妃的宠,不料此计未成,田妃倒将圆圆遣出宫来,送给自己的父亲田弘遇享用。怎奈老夫少妇,终嫌非匹,"石崇有意,绿珠无情"。时值间军大盛,时局动荡,为保产业,田弘遇想结拥重兵、握实权的吴三桂,邀其赴家宴。三桂在田府一见圆圆,立即为之倾倒,以保田氏胜于保国家的誓言,将圆圆强索到手。后来,明廷谕旨,饬令三桂迅速出关,军中不能随带姬妾,只好把圆圆留在北京,叫父亲吴襄看着。此番得家人来报,知自己的爱妾居然被掳,顿时气得七窍生烟,咬牙切齿,誓报此恨,而眼下又力量不足,怎能不惶惶如丧家之犬而投奔清朝。

再说多尔衮已令清军向山海关进军,静观关内形势,寻隙进关。此时前锋刚到锦州,正在规划下一步行动。忽然,杨、郭二将持吴三桂邀书前来,清军赶快把书信转至多尔衮。吴三桂的请求,无疑给了清军入关的极好机会,也正中多尔衮心怀。想当年,清军为打通入关之路,二次在宁远受阻,一次努尔哈赤受伤,不久便撒手而去;一次皇太极失败,险些丧命阵前。这次可不费一兵一卒,就可入关,此乃天助大清。

于是,多尔衮当即决定,以变应变,要投下诱饵;招降吴三桂,遂令才学深通的范文程,濡墨沾毫,写下回书:

大清国摄政王多尔衮复书明平西伯吴三桂麾下:闻说李闯攻

陷北京,明帝惨遭不幸,实在令人发指。为此,我定当率仁义之帅,破釜沉舟,誓灭李闯,救民于水火。你思报君恩,与李闯不共戴天,实在是难能可贵的忠臣。以往你我长期为敌,令当捐弃前嫌,通力合作。古时候,管仲射桓公中钩,后被尊为仲父,辅佐桓公,卒成霸业。此等往事,足为今人良好榜样。你如率众来归,我大清必封以故土,晋爵藩王,一则国仇得报,二则身家可保,世世子孙,能长享富贵,当如带项河山,永永无极。

文程写毕,呈与多尔衮。多尔衮看过,命加封,交给杨、郭二人。这两个翻身上马,连夜赶回,向吴三桂复命。

吴三桂看了多尔衮的回信,知道清军已答应出兵,自己不觉腰也硬了,胆也壮了。从信中得知,自己如若投诚清军,大清还能"封以故土,晋爵藩王",更是觉得心里美滋滋的,连嘴巴也乐得合不上了。

4月,清军到达离山海关十里的沙河。吴三桂得知这个消息后,赶快率领500名精锐骑兵去迎接清军。他一见到多尔衮,立即跪拜称臣,又假惺惺挤出几滴眼泪,哭皇帝的不幸。他说:"启殿下,目前中原无主,务必请殿下迅速挥师入关,拯救百姓于水深火热之中!"多尔衮见吴三桂已是真心投降,赶快双手扶他起来,并下令叫人宰牛杀马祭天,与吴三桂折箭盟誓,表示双方从此精诚合作。吴三桂和他的五百骑兵,于盟誓后立刻剃发留辫,改穿清人服装,表示完全归顺于清军。第二天,多尔衮率领清军,分三路浩浩荡荡开进山海关。清朝掀开了新的一页。

人生箴言

天行健,君子以自强不息。

——《周易·乾卦》

成长启示

天体运行刚健不息,有才能的人应该像天体运行一样自强不息,努力奋斗。